교과서가 쉬워지는

초등 생존 글쓰기

교과서가 쉬워지는

초등 생존 글쓰기

이혜진 지음

위즈덤하우스

[머리말]

뭐든 한 번 쓰면 계속 쓰게 되고, 계속 쓰면 결국 잘 쓰게 된다

손을 놓게 하자 넋을 놨던 아이
아이를 편한 길로 이끈 건 배려가 아니었다

교육 기자로 일한 덕에 최상위권 학생들을 많이 만났다. 성향도 꿈도 제각각인 학생들은 신기하게도 공부법만큼은 크게 다르지 않았다. 대부분이 공부 잘하게 된 비결로 독서를 꼽았다. 성적 올리는 구체적 방법으론 쓰기 활동이 압도적으로 많았다. 과목별 노트 필기법부터 오답 노트 작성 요령, 단권화 노하우, 자기소개서 비법까지. 상위 1%의 성공 공식을 글로 옮기다 이런 결론에 도달했다.

'실력은 타고난 머리가 아니라 부지런한 손이 결정한다.'

전국의 내로라하는 학생들을 통해 '쓰기의 기적'을 수도 없이 목격했다. 쓰기가 학습에서 얼마나 중요한지 의심할 여지가 없었다. 몇 년간 귀에 딱지가 앉게 듣다 보니 쓰기의 필요성도, 대체 불가한 효과도 달달 욀 정도가 됐다.

그런데 막상 엄마가 돼 아이들을 키울 땐 쓰기가 남의 나라 얘기처럼 멀게만 느껴졌다. 삐뚤빼뚤 선 긋기도 벅찬 고사리손에 무얼 기대하랴. 아직 어리니까, 쓰기는 천천히 해도 괜찮다 여겼다.

첫째가 초등학교에 입학한 후에도 쓰기를 강조하진 않았다. 이제 막 사회생활을 시작한 아이에겐 맞춤법을 지적하는 '빨간펜 엄마'보다 응원하고 격려해주는 '따뜻한 엄마'가 필요할 테니까. 여전히 쓰기보다 독서가 더 중요하다 믿었고, 3학년부터 쓰기 연습을 시작해도 늦지 않을 거라 믿었다. 첫째는 신나게 책을 읽으며 유유자적한 1년을 보냈다.

하지만 오래지 않아 내 확신은 보기 좋게 빗나갔다. 1년 사이, 교과서엔 쓰기 활동이 크게 늘어 있었다. 눈으로 공부하는 데 익숙해진 아이는 좀처럼 손을 쓰려 하지 않았다. 첫째는 2학년 생활이 시작되자마자 '요주의 인물'로 떠올랐다.

편한 공부에 길든 탓에 아이는 쓰기 활동만 나오면 요리조리 피하기 일쑤였다. 다른 아이들이 선생님 지시에 따라 쓰고 그릴 때 아이는 왜 써야 하는지, 꼭 써야 하는지 물었다. 쓰기 싫다고 버티는 아이와 쓸 때까지 지적하셨다는 담임선생님, 두 사람의 줄다리기는 1년간 계속됐다.

학기 말, 뒤늦게 선생님께 상황을 전달받고 후회가 물밀듯이 밀려왔다. 엄마의 배려였던 '쓰기 유예'가 학습을 방해하는 '독'이 됐던 셈이다. 내 판단 착오로 잘못된 학습 태도가 굳어지는 건 아닌지, 걱정과 불안이 엄습했다.

이미 물은 엎질러진 후였다. 아이 문제를 놓고 앉아서 후회만 하고 있을 순 없는 노릇. 더 늦기 전에 문제를 발견한 걸 다행이라 여겼다. 그때부터 나는 두 아이와 함께 꾸준히 읽고 쓰기를 연습했다.

마음이 급하다고 쓰기 싫어하는 아이에게 억지로 쓸 것을 강요하진 않았다. 과자 상자에 쓰인 글씨를 따라 써보게 하거나 여행 가서 공짜로 얻은 엽서에 기분을 표현하는 정도로 가볍게 다가갔다. '이것은 쓰기인가? 놀이인가?' 헷갈릴 법한, 부담스럽지 않은 쓰기 활동들을 제 학년에 맞게 꾸준히 제시해주었다. '지속 가능한 쓰기 활동'을 목표로 아이들과 교과서를 함께 공부했다.

2학년 학기 말, '학포자(학업을 포기한 사람) 유망주'로 담임선생님을 무척이나 걱정시켰던 첫째는 내년이면 6학년이 된다. 그때부터 꾸준히 읽고 쓴 덕분에 '쓰기'란 험난한 산을 넘어 무탈하게 학업을 이어나가고 있다.

이제 아이는 선생님들께 '미래가 기대되는 아이', '사고력과 어휘력이 우수한 아이'란 평가를 받는다. 무엇보다 감사한 건 자존감 높은 아이로 성장해나가고 있다는 점이다. 한글을 외계어처럼 쓰던 둘째도 실력을 많이 키웠다. 이젠 오빠와 함께 어린이신문 명예 기자로 활동할 만큼 글쓰기를 즐기게 됐다.

아이들은 말한다. 쓰기는 힘들지만 어떨 땐 기가 막히게 재미있다고. 또 쓰면 쓸수록 더 잘 쓰고 싶어지는, 묘한 승부욕을 발동시키는 녀석이라고. 엄마인 나도 다시금 깨닫는다. 포기하지 않고 계속 쓰다 보면 언젠

간 반드시 즐기는 때가 온다고. 무엇보다 쓰기는 실력보다 노력이 더 중요하다고.

노력이 실력으로 쌓이는 영역 “써라” 말고 “쓰자”라고 말해주길

초등 6년은 인생에 꼭 필요한, 가장 기본이 되는 지식을 배우는 시기다. 교과서엔 중고교 학습의 기초가 되는, 반드시 이해하고 습득해야 할 지식과 정보가 집약돼 있다. 학습 결손 없이 꾸준히 실력을 키우려면 그때그때 공부한 내용을 체화하는 습관을 들여야 한다.

공부한 내용을 내 것으로 만드는 가장 확실한 방법은 글로 써보는 것이다. 글쓰기는 머릿속 생각이나 지식을 적절한 단어를 택해 논리적으로 구성해내는 인출 과정이다. 내 생각과 의견, 내가 알고 있는 것을 글로 표현해낼 수 있을 때 ‘진짜 안다’고 확신할 수 있다. 글쓰기는 어른, 아이 할 것 없이 반드시 익혀야 할 ‘생존 기술’인 셈이다.

문제는 글쓰기가 결코 호락호락한 상대가 아니란 점이다. 한 편의 글을 쓰기 위해선 오랜 시간과 노력이 필수로 요구된다. 때론 고통스럽게 느껴질 만큼 큰 스트레스를 유발하기도 한다. 그렇다 보니 부모도, 아이도 글쓰기만큼은 최대한 미루고 싶어진다.

어른도 부담스럽게 느끼는 글쓰기가 아이들에게 쉬울 리 만무하다.

그렇기에 더더욱, 즐겁고 재미있는 방식으로 아이들을 이끌어줘야 한다. 시작도 전에 지레 걱정할 필요는 없다. 쓰기도 줄넘기처럼 연습을 통해 얼마든 실력을 향상시킬 수 있기 때문이다.

기행문, 설명문, 논설문 등 갈래별 글쓰기엔 수학 공식 같은 짜임이 존재한다. 글쓰기 요령을 한번 터득하고 나면 쓰기 부담은 반으로 줄고 글의 완성도는 배가 된다. 읽는 재미를 돋우는 맛깔나는 양념들도 준비돼 있다. 적재적소에 뿌리기만 하면 맛있는 글을 완성할 수 있다. 책을 읽다, 영화를 보다 마음을 건드리는 문장들, 글로 펼치고 싶은 글감들을 틈틈이 수집해놓으면 글을 쓸 때 믿고 의지할 수 있는 든든한 조력자가 되어준다.

이 책은 '쓰는 엄마'와 '쓰지 않던 두 아이'가 함께한 글쓰기 여정이다. '말을 물가로 데려갈 수는 있어도 억지로 물을 먹일 수는 없다'는 속담처럼, 전직 기자이자 현직 작가인 나 역시 두 아이를 글쓰기란 물가로 이끌기까지 쉽지 않았다. 자발적으로 글을 쓰도록 돕는 일은 여전히 어렵다. 그래도 이렇게 책을 내는 이유는 '뭐든 한 번 쓰면 계속 쓰게 되고, 계속 쓰면 결국 잘 쓰게 된다'는 걸 경험으로 체득했기 때문이다.

아이들과 직접 써보고 효과가 있었던 활동들을 이 책에 선별해 담았다. 놀이처럼 신나는 글쓰기도 있고 교과서 학습활동, 수행평가처럼 학교생활에 도움이 되는 실용적인 글쓰기도 있다. 향후 진로나 미래 계획을 구체화하는 데 도움이 될 '나를 탐구하는 글'도 포함돼 있다. '글쓰기가 중요하다'는 원론적 이야기보다 집에서 아이와 함께 시도해볼 수 있는, 만만한 방법들을 소개하는 데 중점을 두었다. 목차를 짚어가며 관심 가는 주제부터 하나씩 써볼 것을 권한다.

처음부터 글을 잘 쓰는 사람은 없다. 나이, 학년을 떠나 아이가 제 수준에 맞는 글부터 시작해볼 수 있도록 격려하고 응원하자. 그렇게 한 줄, 두 줄 계속 쓰다 보면 오래지 않아 쓰기에 대한 자신감이 쑥 솟아오를 것이다.

요즘 아이들은 자극적이고 중독성 강한 영상 매체에 길들어 있다. 그렇기에 단박에 쓰기의 매력에 빠지긴 어려울 것이다. 하지만 쓰기만이 줄 수 있는 담백한 즐거움과 잔잔한 위로, 다 쓰고 난 뒤 찾아오는 짜릿한 성취감은 지금껏 어디서도 느껴보지 못한 색다른 감동을 아이에게 선사할 것이다.

새로운 한 해를 준비할 때다. '아이가 좀 더 크면', '수학부터 끝내고' 등의 이유는 잠시 접어두고, 오늘부터 아이와 함께 글쓰기를 시작해보는 건 어떨까. 따지고 보면 우리 인생도 서로 다른 재미와 감동을 품은 한 편의 이야기니 말이다. 부모와 아이가 함께 성장하는 글쓰기, 쓰면 이루어질 거라 확신한다. 부디, 빨간펜은 잠시 잊고 아이와 함께 신나게 즐기길 바란다.

일러두기

책 속 예시문은 두 아이가 학교와 가정에서 직접 쓴 글입니다. 일부는 엄마와 함께 퇴고 과정을 거쳤습니다.

차례

Chapter 2.

초등 생존 쓰기 1단계 : 시작이 반, 한 줄이라도 써보자!

쉬워야 또 쓴다

Chapter 3.

초등 생존 쓰기 2단계 : 이렇게 즐거운 글쓰기라면!

재미있어야 실력이 쌓인다

Chapter 4.

초등 생존 쓰기 3단계 : 짧은 글 한 편이 뚝딱!

쓰고 또 쓰면 습관이 된다

Chapter 5.

초등 생존 쓰기 4단계 : 쓰기 기술을 공략하자!

일상에 요령을 더하면 최고의 글이 탄생한다

Chapter 6.

초등 생존 쓰기 5단계 : 분량 걱정은 이제 그만!

할 말이 많으면 쓸 말도 많다

Chapter 7.

초등 생존 쓰기 6단계 : 글쓰기의 고수가 되어보자!

술술 읽히는 글이 잘 쓴 글이다

Chapter 1.

초등 생존 쓰기 준비

쓰는 자가 살아남는다

아이들이 사는 세상, '新 적자생존'의 법칙

"이대로 가다간 아이가 초등 고학년이 되기도 전에 학업을 포기할 수 있어요."

첫째가 초등학교 2학년 때, 학기말 상담차 담임선생님을 만났다. 선생님은 아이가 글쓰기를 매우 싫어한다며 자못 심각한 표정을 지으셨다. 선생님은 당장 3학년 때부터 과학 관찰일지, 사회 보고서 같은 과제가 대폭 늘어난다며 쓰기의 중요성을 강조하셨다. 수업 시간에도 자기 생각을 정리해 발표하는 활동이 많아져 평소 쓰기에 소홀했던 학생은 따라가기가 힘들다는 말씀도 잊지 않으셨다. 선생님은 의미심장하게, 한 마디를 덧붙이셨다.

"어머님! '적자생존'이란 말, 못 들어보셨어요?"

'적자생존'이란 말에 찰스 다윈의 진화론을 떠올렸다면 오산이다. 입시 현장에서 '적자생존'은 '적는 자만이 치열한 경쟁에서 살아남는다'는 의미로 통용된다고 한다. 과거 '사당오락'이 합격과 불합격을 결정했다면 이젠 '적자생존'이 입시지옥과 천당을 가르는 셈이다.

'쓰지 않으면 뒤처진다'는 선생님의 말씀은 초보 엄마였던 내게 무시무시한 경고처럼 들렸다. 아이의 부진이 내 탓처럼 느껴져 얼굴이 화끈거리기도 했다. 상담을 마치고 돌아오는 길, 생각이 뒤엉켜 머릿속이 복잡했다. 무엇보다 쓰기 때문에 학교 생활이 싫어지는 일만은 막아야 했다.

본격 학습이 시작되는 3학년,
쓰기가 곧 실력이다

담임선생님의 말씀처럼 3학년 때부터 교과목 수가 대폭 늘어난다. 아이가 소화해야 할 학습량과 수준도 껑충 뛰어오른다. 사회, 과학에선 낯선 용어와 개념이 쏟아져 나오고, 수학은 '수포자'를 양산하기 시작한다. 정신을 똑바로 차리지 않으면 구멍이 생기는, 본격적인 학습이 시작되는 것이다.

어려워진 학습 내용을 가장 확실히 다지는 방법은 '쓰기'다. 새로 배운 내용을 차근차근 쓰다 보면 뒤죽박죽이었던 내용이 가지런히 정리되며 일종의 학습 지도가 그려진다. 주요 개념과 예시가 일목요연하게 연결된 나만의 지식망이 완성되는 것이다. 이렇게 생성된 지식망은 장기간 머릿속에 저장돼 학습 효과를 톡톡히 발휘한다.

손으로 꾹꾹 눌러 쓰다 보면 내가 '잘 아는 것'과 '안다고 착각했던 것'이 자연스레 구별된다. 잘 모르는 부분에 시간과 노력을 집중 투자하면 학습 효율을 높이면서도 학습 결손은 최소화할 수 있다.

이렇게 쓰면서 공부하면 '아는 것'과 '모르는 것'을 구별해내는 힘, 즉 '메타인지 능력(한 차원 높은 관점에서 자신을 관찰하고 종합적으로 사고하는 능력)'이 향상된다. 아이들이 싫어해도, 몸을 배배 꼬아도 학교 선생님들이 글쓰기를 강조하는 이유는 바로 여기에 있다.

아이들은 배우며 자란다. 배운 내용을 글로 쓰며 자기 것으로 만들어야 진짜 실력이 쌓인다. 실력이 탄탄하면 어렵고 힘든 구간이 나와도 포기하지 않는다. 이는 운동선수가 경기에서 제 기량을 발휘하기 위해 매일 기초 체력을 쌓는 것과 같은 이치다.

한 줄 한 줄 쌓은 '지식의 방주'로 포스트 코로나 대비해야

'쓰기의 힘'은 쉽게 드러나지 않는다. 그러나 오랜 시간 쌓이고 쌓이면 엄청난 위력을 발휘한다. 매년 입시철 수능 만점자의 필기노트가 각종 뉴스 미디어를 장식하는 것도 쓰기의 학습 효과가 실로 대단하기 때문이다. 찰스 다윈이 연구 결과를 지루하리만치 꼼꼼히 기록해놓지 않았다면, 고전(古典)으로 꼽히는 『종의 기원』 역시 탄생할 수 없었을 것이다.

세상이 급변하고 있다. 코로나19 바이러스로 '비대면'이 새로운 기준으로 자리 잡았고, 인공지능이 인력(人力)을 빠르게 대체하고 있다. 하지만 아이러니하게도 아이들의 학습에 있어선 그 어느 때보다 쓰기가 강조되고 있는 게 사실이다. 새로운 무언가를 만들어내는 혁신은 머릿속 생각을 밖으로 끄집어내는 인출 활동, 즉 쓰기를 통해 이뤄지기 때문이다.

노아가 대홍수에 대비해 커다란 방주를 지었던 것처럼, 우리 아이들은 급변하는 사회에 대응해 '지식의 방주'를 지어야 한다. 과거와는 차별화된 방식으로 나만의 방주를 짓고, 그 안을 꼭 필요한 지식으로만 똘똘하게 채워나가야 한다. 우리는 지금 정보의 홍수 속에 살고 있다. 방주를 짓는 마음으로, 하루 한 편 글쓰기를 실천할 때다.

필력이 실력인 시대가 왔다

수년 전까지만 해도 소위 '글 쓰는 사람'은 따로 정해져 있었다. 소설가나 시인 같은 문학가, 영화나 드라마 대본을 쓰는 시나리오 작가, 저명한 연구자나 시대의 석학으로 추앙받는 학자. 이렇듯 글을 쓴다는 건 오랜 경험과 지식으로 중무장한 '소수 엘리트'의 행위로 여겨졌다.

요즘은 180도 달라졌다. 각종 소셜 미디어를 통해 누구나 글을 쓰고 자기만의 독자층을 형성해나간다. 시시콜콜한 일상사부터 내밀한 개인사까지, 색깔 확실한 독립출판물들이 인기를 끌며 출판시장의 진입장벽은 더욱 낮아졌다. 출판 비용 모금부터 홍보까지 일사천리로 해치우는 크라우드 펀딩은 새로운 출판 방식으로 완전히 자리 잡았다. 다양한 방식, 다채로운 플랫폼을 통해 누구나 글을 쓰고 작가가 되는, 바야흐로 작가 전성시대가 도래했다.

여행을 사랑하는 씩씩한 할머니, 진상 손님으로 골머리를 앓는 편의점 점주, 죽은 사람의 집을 청소하는 특수 청소부까지. 자기만의 스토리가 있다면 얼마든 작가가 될 수 있는 콘텐츠 세상이 열렸다.

'하면 된다'에서 '쓰면 된다'로
누구나 쓰고 작가가 되는 콘텐츠 세상

시대가 변하면서 점점 더 많은 사람이 글쓰기에 관심을 갖기 시작했다. 낮엔 본업으로 출근하고 밤엔 책상 앞에 앉아 글을 쓰는 '투잡러'도 적지 않다. 정보화 사회에서 콘텐츠는 황금알을 낳는 거위나 다름없기 때문이다.

이제 콘텐츠는 천문학적 경제 가치를 창출해내는 부의 원천이 됐다. 잘 쓰인 소설 하나가 영화로 제작돼 해외로 수출되고, 인기 만화가 게임으로 변신해 어마어마한 수익을 벌어들인다. 21세기의 부는 '어떤 콘텐츠를 만들어내느냐'에 달렸다 해도 과언이 아니다.

콘텐츠는 하루아침에 뚝딱 만들어지지 않는다. 차별화된 콘텐츠를 만들어내려면 현존하는 수많은 지식과 정보, 이야기를 찾아 읽고 비교 분석하는 과정이 우선돼야 한다. '하늘 아래 새로운 것은 없다'는 말처럼 기존의 콘텐츠를 전혀 다른 관점에서 융합하고 새롭게 재해석하지 못하면 식상한 아이디어, 고루한 이야기에 그치고 만다. 콘텐츠 생산에선 창의력만큼 비판적 사고 능력이 절대적이다.

필력이 실력인 시대
하버드도 쓰고 아마존도 쓴다

글을 쓸 땐 무엇을 어떻게 쓸지 고민하고, 필요한 자료를 찾아 정리하는 작업을 거친다. 그 과정에서 자기도 모르는 사이 수많은 취사선택과 의사결정이 일어난다. 더 좋은 표현은 없는지, 어떤 단어가 더 적확한지 꼼꼼히 따지고 가려내다 보면 비판적 사고력과 창의성이 자연스레 키워진다.

퇴고도 마찬가지다. 자기가 쓴 글을 처음부터 끝까지 여러 번 읽고 고치다 보면 놓쳤던 오류나 사족을 잡아낼 수 있다. 고쳐 쓰기를 반복하면 문장이 점점 더 세련돼져 전체적인 글의 완성도가 높아진다. 글쓰기와 퇴고를 꾸준히 연습하면 어휘력과 문장력, 독해력이 탄탄해진다. 이 세 가지 능력은 학습의 기본, 배움의 근간이 되는 '문해력'의 기초가 된다. 쓰기는 지력(知力)을 높이는 궁극의 기술인 셈이다.

세계 최고 대학이라 평가받는 하버드가 학생들의 글쓰기 교육에 심혈을 기울이는 것도, 세계 최대 전자상거래 업체 아마존이 PPT 대신 글로 회의 자료를 만들도록 규정한 것도 이와 무관하지 않다. 영상 매체의 독주로 활자 매체의 입지는 갈수록 좁아지고 있다. 하지만 글 자체는 객관적 정보 전달과 의사소통 방식으로써 여전히 건재하고 있다.

이제 글쓰기는 세계적 인재로 인정받기 위해 반드시 키워야 하는 능력이 됐다. 학생들도 마찬가지다. 쓰기를 등한시했다간 낭패를 볼 가능성이 높다. 초등학교부터 대학교까지, 글쓰기는 절대적 비중을 차지하는 단골 과제다. 중고교 내신 시험 역시 선택형 위주의 평가 방식에서 서술형 중심으로 점차 바뀌고 있는 추세다.

학교생활에서 글쓰기가 성적을 좌우한다면, 사회생활에서 글쓰기는 생존과 직결된다. 입시, 취업을 위한 자기소개서는 시작에 불과하다. 각종 보고서에 기획서, 제안서, 회의 자료까지 사회생활을 하다 보면 셀 수 없이 많은 글을 쓰게 된다. 잘 쓰지 못하면 살아남을 수 없는, 필력이 실력인 세상에 살고 있는 것이다.

인생은 한 권의 책
남과 다른 이야기에 집중하라

'자기만의 이야기를 가지고 있는가?'

작가는 매일같이 이 문제를 놓고 치열하게 고민한다. 이제 이 질문은 현대사회를 살아가는 우리 모두가 똑같이 고민해야 하는 화두가 되었다. '어떤 이야기를 가지고 있는가'는 인생에서 매우 중요한 의미를 갖는다. 단기적 관점에선 입시와 취업의 당락을 가르는 변수로, 장기적 관점에선 삶의 질을 좌우하는 기준으로 작용하기 때문이다.

자라나는 아이들에게 이 질문은 더 큰 의미가 있다. 지금껏 살아온 날보다 앞으로 살아갈 날이 훨씬 많이 남아 있기 때문이다. 삶은 어떤 선택과 경험을 하느냐에 따라 완전히 달라진다. 따라서 아이들은 성공의 짜릿함도, 실패의 아픔도 반드시 직접 겪어봐야 한다. 그래야 남과는 다른, 나만의 이야기를 써 내려갈 수 있다.

아이의 성공을 바란다면 아이가 자기만의 이야기를 만들어갈 수 있도록 기회를 줘야 한다. 아이의 삶이 재미있고 의미 있는 에피소드로 가득 차 계속 읽고 싶은 이야기가 되도록 다양한 경험을 선물해야 한다.

경험이 꼭 거창할 필요는 없다. 새로운 분야의 책을 읽고 부모와 토론하는 것도 아이에겐 신선한 경험일 수 있다. 함께 음식을 만들어 먹고 낯선 길로 산책을 나서는 것도 좋다. 경험이 추억이 되고, 추억이 기록이 되도록 아이와 함께 글을 쓰고 편지를 주고받자. 시간의 더께 속에 더할 나위 없이 값진 우리만의 이야기가 쌓이게 될 것이다.

아이가 쓰는 삶을 실천할 수 있도록 처음엔 부모가 아이 곁을 지켜줘야 한다. 매일 아이와 함께 생각과 감정을 공유하고 그 과정을 글로 옮겨보자. 그러면 아이는 독보적 이야기를 가진 존재로 자라 그 가치를 인정받게 될 것이다.

역사는 승자의 기록?
쓰는 자의 기록!

'역사는 승자의 기록'이란 말이 있다. 권력자가 자기에게 유리한 기록은 남기고 불리한 기록은 불태우던 일이 공공연히 자행됐기 때문이다. 유네스코 세계기록유산으로 등재된 『조선왕조실록』에도 권력의 부침에 따라 각기 다른 내용의 실록이 제작된 사례가 있다. 조선 제14대 왕 선조가 그 대표적인 예다. 선조의 기록은 아들 광해군 때 편찬된 『선조실록』과 집권 세력이 바뀐 후 다시 엮은 『선조수정실록』, 이렇게 두 가지 버전이 전해져 내려오고 있다.

과거의 역사가 '승자의 기록'이었다면, 현재의 역사는 '쓰는 자의 기록'이다. 쓰는 사람에게 더 많은 기회가 찾아오고, 그 기회를 잘 살려 진짜 성공에 이르는 사례가 적지 않기 때문이다. 학교에선 노트필기를 꼼꼼히 한 학생이 상위권에 이름을 올리고, 작은 경험이라도 포트폴리오에 꼼꼼히 기록해둔 사람이 입시와 취업에서 합격의 문턱을 넘는다.

요즘 서점가에선 쓰는 자의 기록이 곧 역사가 되는 일이 심심치 않게 벌어진다. 자신의 정신과 상담 기록을 책으로 엮은 백세희 작가는 솔직하고 진정성 있는 이야기로 에세이 시장의 새로운 역사를 썼다. 책 『죽고 싶지만 떡볶이는 먹고 싶어』(흔, 2018)는 50만 부 넘게 팔리며 일본에도 수출됐다. SNS에 꾸준히 올린 글이 많은 사람의 공감을 얻으며 책으로 출판되기도 한다. "쓰고 나니 삶이 달라졌다"는 간증이 터져 나온다.

이런 변화에 일찌감치 눈을 뜬 학생들도 적지 않다. 곧 태어날 동생을 위해 그림책을 펴낸 초등학생, 영어에 대한 열정으로 영문판 역사 판타지 소설을 쓴 중학생, 웹 소설가로 활동하며 자신의 글쓰기 노하우를 책으로 엮은 고등학생 등 열정과 노력으로 책이란 결실을 맺은 '학생 작가'들의 소식이 뉴스를 통해 심심치 않게 보도된다. 이런 추세가 계속된다면 미래의 아이들은 '쓰는 자'와 '쓰지 않는 자'로 나뉘게 될지도 모른다.

빈칸 뻥뻥 뚫린 초등 교과서
지식은 직접 써서 채우는 것

글쓰기는 사회생활에서 꼭 필요한 '기술'이다. 간단한 메일부터 업무

용 보고서 작성까지 쓰기가 포함된 활동이 많기 때문이다. 글쓰기가 버거운 사람은 글을 잘 쓰는 사람에 비해 업무수행 능력이 떨어질 수밖에 없다. 학교생활에서도 마찬가지다. 수업 시간 노트필기부터 각종 수행평가까지 쓰지 않으면 해결되지 않는 과제가 대부분이다.

무엇보다 교과서가 확 달라졌다. 까만 글씨가 빼곡했던 부모 세대 교과서와는 정반대다. 요즘 초등학교 교과서는 '여백의 미'를 자랑한다. 빈칸이 뻥뻥 뚫려 있어 직접 써서 채우지 않으면 미완성인 채로 학년을 마치게 된다.

글과 자료로 꽉꽉 채워져 있던 과거 교과서가 보고 듣는 수업에 최적화돼 있었다면, 현재 교과서는 학생들의 생각과 의견을 적극적으로 묻고 반영하는 참여형 수업에 맞게 설계돼 있다. 과거 교과서에서 쓰기 활동이 단원을 마무리하는 차원에서 제한적으로 활용됐다면, 요즘은 거의 전 과정에 쓰기가 포함돼 있다.

단원 도입부엔 학습할 내용을 예측해 쓰는 활동이, 중간중간엔 지문을 읽고 특정 정보를 찾아 쓰거나 배운 내용을 요약 정리하는 활동이 배치돼 있다. 각 단원은 탐구 결과나 해결 방안, 자기 생각과 느낌을 정리해 쓰는 활동으로 마무리된다. 쓰기는 학생 스스로 생각하고 수업에 참여하도록 유도하는 일종의 '장치'인 셈이다. 교과서 빈칸을 채우며 적극적으로 수업에 임한 학생은 그렇지 않은 학생들보다 학습 결과가 더 뛰어날 수밖에 없다.

쓰기는 고학년으로 갈수록 더 중요해진다. 국어는 물론 수학, 사회,

과학 같은 교과 활동 전반에서 쓰기가 차지하는 비중이 절대적으로 높아지기 때문이다.

혼자 공부할 때도 쓰기는 필수다. 복잡하고 어려워진 교과 내용을 제대로 소화하기 위해선 자기만의 언어로 내용을 풀어 쓰고 재구성하는 과정을 거쳐야 한다. 쓰지 않으면 집중력과 기억력이 떨어져 학습 효율까지 떨어지기 쉽다. 학습에 결정적 도움이 되는 쓰기는 학생들이 반드시 거쳐야 할 훈련 과정과 같다.

선(先) 독서 후(後) 글쓰기 균형 맞추기가 관건

잘 쓰려면 우선 많이 읽어야 한다. 책을 읽으면 어휘력과 문장력은 물론 배경지식까지 탄탄히 쌓을 수 있다. 글쓰기에 필요한 재료가 읽는 동안 차곡차곡 쌓이는 셈이다. 쓰기의 달인인 소설가들도 글이 잘 안 써질 땐 문장가들의 책을 읽는다고 한다. 색다른 접근, 참신한 표현을 읽다 보면 막혔던 생각의 물꼬가 트이기 때문이다. 아이의 쓰기 실력을 효과적으로 키우고 싶다면 먼저 충분히 읽고 글을 쓰도록 유도하는 게 바람직하다.

많이 읽는다고 해서 쓰기 실력이 저절로 느는 건 아니다. '구슬이 서 말이라도 꿰어야 보배'라는 속담은 읽기와 쓰기의 관계를 극명히 보여

준다. 수천 권의 책(구슬)을 읽고도 그 내용과 경험을 자기 삶에 접목(실에 꿰기)시키지 못한다면 유의미한 발전(보배)을 이뤘다고 보기 어렵다.

독서로 나만의 가치 있는 보물을 만들어내려면 자기 생각과 느낌을 담아 한 줄이라도 써봐야 한다. 책을 읽고 새롭게 알게 된 점, 독서 후 일어난 감정 변화 등을 문장으로 구체화 해보는 것이다. 기록을 통해 독서로 얻은 깨달음과 경험을 체계화하고, 배운 지식과 정보를 논리적으로 구조화시키는 과정은 사고(思考)의 근력을 키운다. 한계도 제약도 없이 백지 위에 마음껏 제 생각을 표출해본 아이는 자기 의견이 뚜렷한, 창의적인 아이로 성장해나간다.

미국 소설가 마크 트웨인은 "책을 읽지 않는 사람은 책을 읽을 수 없는 사람보다 나은 게 없다"고 말했다. 같은 이치로 책을 읽고도 내용을 기억하지 못하거나 자기 생각을 표현하지 못하는 사람은 책을 읽지 않은 사람과 크게 다를 바 없다. 독서는 경험이다. 경험을 의미 있는 실력으로 승화시키려면 생각을 문장으로 변환하는 과정을 꼭 거쳐야 한다.

기록은 나의 힘
'숟가락' 대신 종이와 연필을

내가 배운 지식을 다른 사람에게 설명할 수 있을 때, 우리는 그것을 진짜 '안다'고 말한다. 그래서 교육 전문가들은 '설명하는 공부법'이 진짜 공부법이라고 입을 모은다. 쓰기 역시 같은 이치다. 정확히 알아야만 쓸 수 있기 때문이다. 읽고 쓰는 과정은 두루뭉술했던 생각을 더 날카롭고 단단하게 만든다. 그리고 바로 그 과정에서 세상을 바꾸는 아이디어가 탄생한다.

말은 하는 동시에 휘발돼 사라진다. 글은 반대다. 기록으로 남아 나를 대신한다. 나의 경험과 실력을 증명하는 증거가 되어주는 것이다. 꾸준히 쌓아 올린 기록은 시험에서, 입시와 취업에서 우리 아이들이 믿고 기댈 수 있는 튼튼한 버팀목이 되어준다. 여전히 사회에선 숟가락 논쟁이 한창이다. 우리가 아이에게 물려줘야 할 유산은 금수저, 흙수저가 아닌 종이와 연필이다.

초등 6년, 놓치면 후회하는 '쓰기 골든 타임'

초등학교에 입학한 아이들은 여러 종류의 글을 쓴다. 국어 시간 설명문, 논설문, 기행문 등 갈래별 글의 특징과 글 짓는 요령을 차례차례 배워나간다. 친구에게 편지도 써보고 '감각적 표현'이라는 거창한 이름 아래 동시도 짓는다. 초등 5, 6학년 과정에선 어른이 돼서도 줄기차게 써먹는 요약하기, 토의·토론으로 해결 방안 도출하기 등을 집중적으로 배운다. 인생을 살아가는 데 꼭 필요한 쓰기 기술들을 초등 입학과 동시에 익히기 시작하는 셈이다.

초등 시기엔 글을 쓸 시간이 상대적으로 많다. 자기가 쓴 글로 평가를 받지도 않는다. 각종 학습지에 알림장까지, 쓰기 활동이 많아 손힘도 부쩍 좋아진다. 즉, 초등 6년은 글쓰기의 기초를 다지고 실력을 끌어올릴 수 있는 '골든 타임'이다. 그런데 안타깝게도 대부분의 학생이 이 중요한 시간을 허무하게 날려버린 채 중학생이 된다.

중고등학생의 수행평가 딜레마 '쓰느냐, 마느냐 그것이 문제로다'

엉성한 쓰기 실력을 가지고 중학교에 입학한 아이들은 소위 '멘붕'에 빠진다. 쓰기와의 전쟁이 시작되기 때문이다. 과목별 노트필기는 요령부득이요, 내신 고사 서술형 문항은 난공불락이다. 요점만 압축적으로 쓰는 일은 생각보다 훨씬 어렵다.

노트필기는 멀티테스킹이 가능해야 한다. 칠판 필기를 노트에 재빨리 옮겨 적고 눈으로는 빠르게 교과서를 훑으며 선생님 설명에 귀를 기울여야 한다. 형광펜, 빨간펜을 수시로 돌려쓰며 선생님이 강조하는 부분에 별표를 달고 밑줄도 쳐야 한다. 과목에 따라 필기 방법도 조금씩 달라진다. 손이 빠르지 않으면 익숙해지기까지 더 오랜 시간이 걸린다.

서술형 문항은 전방위적 대비가 필요하다. 핵심만 콕콕 골라내 논리적 오류 없이 답안을 작성하려면 시험 범위를 통째로 씹어 삼키는 수준으로 공부해야 한다. 교과 내용에 대한 완벽한 이해 없이는 문제에 손도 댈 수 없기 때문이다. 그뿐만이 아니다. 출제자의 의도를 명확히 파악하는 것은 물론, 맞춤법에 띄어쓰기까지 정확해야 한다. 조금만 삐끗해도 감점당하기 일쑤다. 서술형 문항은 상위권 아이들도 어려워하는 고난도 문제로 꼽힌다.

글에 대한 냉혹한 평가는 수행평가에서도 이어진다. 30% 안팎의 높은 비중을 차지하는 수행평가는 글쓰기 과제가 대부분이다. 독서 논술 쓰기, 과학 탐구 보고서 작성은 기본이다. 인권을 주제로 한 에세이 쓰기, 역사적 사건에 대한 자료 분석하기, 특정 문제를 해결하기 위한 정책 만들기 등 과목마다 써서 제출해야 할 글이 줄줄이 이어진다. 음악, 미술 등 예체능 과목에서도 작품 감상문 같은 글쓰기 과제가 주어진다.

수행평가에서 좋은 점수를 받으려면 주제를 살려 일관되고 논리정연하게 글을 전개해야 한다. 일정 정도 이상의 분량을 채우는 건 기본이다. 긴 글쓰기에 익숙지 않은 학생은 매번 애를 먹을 수밖에 없다.

설상가상으로 이런 글쓰기 수행평가는 특정 기간에 한꺼번에 몰린다. 하나씩 써나가는 사이 중간·기말고사가 코앞으로 다가온다. 공부할 것도 많고 써야 할 글도 많으니 실력도, 요령도 부족한 학생들은 딜레마에 빠진다. '쓰느냐, 마느냐 그것이 문제로다.'

수행평가에 공을 들이다 보면 시험공부에 투자할 시간이 턱없이 부족해진다. 시험 날짜가 다가올수록 마음은 바빠진다. 결국 한두 개는 대충 써내거나 아예 포기하기도 한다. 지필고사와 합산되는 수행평가에서 점수를 얻지 못하면 등급은 큰 폭으로 떨어질 수밖에 없다.

반대로 글솜씨가 뛰어난 학생들은 상대적으로 수월하게 수행평가

과제를 해결한다. 우수한 결과물로 점수도 곧잘 받는다. 글을 잘 쓰면 선생님들의 칭찬과 인정이 덤으로 따라온다. 글 잘 쓰는 학생이 실력도 우수하다는 걸, 선생님들은 경험상 잘 알고 있기 때문이다. 이런 학생들은 글쓰기에서 번 시간을 시험공부에 쏟을 수 있어 내신 경쟁에서도 유리한 고지를 점한다. 선순환은 성적으로 입증된다.

쓰기 실력은 중고교 생활을 성공적으로 이끌어가는 데 중요한 밑바탕이 된다. 기본적인 실력만 잘 갖춰놓아도 학교생활에 무리 없이 적응해나갈 수 있다. 초등 6년, 쓰기 골든 타임을 놓쳐선 안 되는 결정적 이유다.

쓰면 자라는 공부의 핵심 '문해력'
평생 학습자에게 꼭 필요한 능력

글 잘 쓰는 아이가 공부도 잘하는 이유는 그 바탕에 문해력이 자리 잡고 있기 때문이다. 교과서에서 배운 내용을 공책에 정리할 때 머릿속에선 어휘력과 이해력이 차곡차곡 쌓인다. 자기 생각을 글로 표현하기 위해 적절한 단어를 고르고 문단을 구성할 때 사고력과 창의력이 무르익는다. 이런 능력들이 켜켜이 쌓여 쓰는 동안 공부의 핵심이 되는 문해력이 함께 자란다.

사람은 죽을 때까지 배워야 하는 존재다. 요즘은 어르신들도 온라인 쇼핑몰에서 장을 보고 키오스크로 패스트푸드를 주문하신다. 배우지 않으면 불편한 시대에 우리는 살고 있다. 시대의 변화를 읽고 발 빠르게 대응하려면 공부라는 러닝머신 위에서 꾸준히 걷고 달리는 수밖에 없다. 배우고 성장하는 삶을 위해 지금 당장 실천할 수 있는 방법은 쓰기다. 매일 시간을 정해두고 아이와 함께 그날의 기억을 기록으로 남겨보자. 한 문장씩 틈틈이 쓰다 보면 오래지 않아 생각의 근육이 탄탄해질 것이다.

쓰기 요령, 핵심만 쏙쏙!
한눈에 살펴보는 초등 국어 교과서

로버트 풀검은 세일즈맨, 화가, 바텐더, 목사 등 다양한 이력을 가진 베스트셀러 작가다. 평범한 일상에서 삶의 진리를 포착하는 데 탁월한 솜씨를 가졌다. 삶의 통찰이 번득이는 그의 책, 『내가 정말 알아야 할 모든 것은 유치원에서 배웠다』(알에이치코리아, 2018)엔 이런 내용이 나온다.

> "우리는 살면서 중요한 문제에 부딪힐 때마다 인간에 대한 기본적인 것을 가르쳐주던, 아주 어린 시절로 돌아간다."

아이들과 함께 글을 쓸 때마다 비슷한 생각을 하게 된다. '우리가 글을 쓸 때 꼭 알아야 할 것들은 초등 국어 시간에 다 배웠다.'

글쓰기의 모든 것,
초등 국어 교과서에 다 있다!

초등 국어 교과서엔 살면서 필요한 의사소통 기술들이 하나도 빠짐

없이 잘 담겨 있다. △다른 사람에게 자기 생각과 느낌 전하기 △상대방 의견 경청하기 △구체적으로 칭찬하기 △긴 글을 읽고 중심문장 찾기 등 어른이 읽어도 도움 되는 내용이 알차게 꽉꽉 들어차 있다.

실용적 글쓰기를 위한 '꿀팁'도 많다. 편지 쓰기, 회의록 작성하기, 설명하는 글쓰기 등 일상생활에 필요한 쓰기 기술들이 일목요연하게 정리돼 있다. 어른도 헷갈리는 맞춤법이나 문장 호응은 '부록'으로 따로 정리돼 있다.

한 문장 쓰기부터 한 편의 글을 완성하기까지, 6년에 걸쳐 글쓰기 수준이 단계별로 확장된다는 점도 교과서의 미덕이다. 교과서만 착실히 따라가도 초등 졸업 전까지 누구나 수준급으로 글을 쓸 수 있도록 설계돼 있는 것이다. 국어 교과서를 글쓰기 교본이자 참고서로 적극 활용해야 하는 이유다.

1학년부터 6학년까지 국어 교과서에 나와 있는 쓰기 요령만 따로 모아두면 언제든 요긴하게 참고할 수 있는 '쓰기 바이블'이 완성된다. 아이의 글쓰기 실력을 키워주고 싶다면 우선 국어 교과서부터 함께 읽어볼 것을 권한다. 매일 10분씩 집에서 교과서에 제시된 쓰기 활동만 충분히 연습해도 실력 향상을 기대할 수 있다.

쓰기 실력은 단기간에 향상되지 않는다. '만 시간의 법칙(어떤 분야든 탁월한 기량을 쌓기까지 만 시간의 노력을 기울여야 한다는 법칙)'은 글쓰기에도 예외 없이 적용된다. 지난하고 힘든 여정일 수 있다. 아이가 지쳐 포기하지 않도록 부모는 곁에서 아이가 쓴 글을 기쁘게 읽어줘야 한다. 자기가 쓴 글을 흐뭇하게 읽는 부모의 모습은 아이에게 쓸 힘을 주는 원동력이 된다.

[1, 2학년]

어휘 기초 쌓기 : 헷갈리는 단어 총집합

한 문장 쓰기 : 생각, 느낌 문장으로 표현하기

☑ check point / 문장부호 바로 알기, 단어 속뜻 알기

→ 갈래별 글쓰기 기본 다지기

1, 2학년 국어 교과서엔 틀리기 쉬운 낱말들이 총집합해 있다. '낚시', '까닭'처럼 받침이 까다로운 낱말, 발음에 유의해야 하는 낱말이 체계적으로 정리돼 있다. '마치다'와 '맞히다', '부치다'와 '붙이다'처럼 소리가 비슷해 혼동하기 쉬운 낱말들도 뜻부터 상황별 활용법까지 잘 설명돼 있다. '비지땀', '숙맥 같다'처럼 속뜻을 모르면 글의 맥락을 파악하기 힘든 낱말과 표현들도 소개된다.

1, 2학년 때 나온 어휘들을 제대로 숙지하지 않으면 고학년이 돼서도 읽고 쓸 때 고생하게 된다. 글을 쓸 때 맞춤법에 자꾸 신경을 쓰다 보면 점점 쓰기에 자신이 없어지고 흥미가 떨어질 수 있다. 처음 배울 때 정확히 익히고 넘어가도록, 저학년 땐 부모가 어휘 학습의 기틀을 잡아주는 게 바람직하다.

이 시기는 어휘력을 키우는 동시에 문장 쓰기가 시작된다. '지난주에 있었던 일을 시간 순서에 맞게 차례대로 써보기', '자기를 소개하는 문장 쓰기', '잃어버린 물건 설명하기'처럼 친숙한 주제를 활용해 한두 문장 쓰기를 연습한다. '이야기 읽고 원인 찾아 쓰기'처럼 이해한 내용을 바탕으로 문장을 완성하는 경우도 있지만 자기 생각이나 느낌을 쓰는 활동이 대부분이다. 스스로 생각을 떠올리고 아는 낱말을 활용해 문장을 구성할 수 있도록 집에서도 꾸준히 연습해보자.

[3, 4학년]

글맛 살리는 어휘력 키우기 : 감각적 표현

한 문단 쓰기 : 편지·메모·요약 등 실용적인 글쓰기

☑ check point / 올바른 높임 표현, 국어사전 활용법

→ 문단 쓰기로 글의 기초 쌓기

초등 중학년에는 작품을 통해 글의 재미를 배가시키는 '감각적 표현'을 배운다. '바삭바삭', '또로록' 같은 의성어, 의태어를 활용하면 글맛이 살아나 문장이 더 재미있고 풍성하게 느껴진다. 국어사전 활용법도 배운다. 모르는 낱말이 나올 때마다 사전 찾기를 습관화하면 효과적으로 어휘력을 키울 수 있다.

중심문장과 뒷받침 문장을 구별하는 연습을 하며 문단에 대한 기초

지식도 쌓는다. 자기가 좋아하는 놀이, 꽃 등을 소재로 생각 그물을 정리한 뒤 직접 한 문단 쓰기도 해본다. 편지 쓰기, 메모하기, 핵심 요약하기 등 일상생활에서 자주 활용되는 쓰기 기술도 이때 익힐 수 있다. 신문 만들기, 표어 쓰기 등 다채로운 쓰기 활동도 경험한다. 자료 정리법으로 제시된 나뭇가지 모양, 도형, 수직선 등은 노트필기에 바로 적용해볼 수 있는 '학습 노하우'다.

원인과 결과에 맞춰 문장을 완성하는 연습도 한다. 사실과 의견을 구별하고 자기 의견을 토대로 제안하는 글도 써본다. 인과 관계를 활용한 문장 쓰기나 의견 쓰기는 초등 고학년 때 배우는 주장하는 글의 바탕이 되므로 이때 충분히 연습할 필요가 있다.

주인공에게 편지 쓰기, 인상 깊었던 책 소개하기, 책 만들기 등 독서 관련 쓰기 활동이 다양하게 진행된다. 향후 중고교 수행평가로 주어지는 독서 논술 과제도 수월하게 해낼 수 있도록 책과 관련된 쓰기 활동을 성실히 수행하자.

[5, 6학년]

고급 어휘로 수준 높이기 : 동형어, 다의어

한 페이지 쓰기 : 갈래별 글의 짜임 알기

☑ **check point / 비유적 표현, 관용적 표현, 문장 호응 익히기**

→ 다양한 갈래의 글 완성하기

5, 6학년 땐 단일어(나누면 본디 뜻이 없어져 더 나눌 수 없는 낱말, 예 : 바늘), 복합어(뜻이 있는 두 낱말을 합한 낱말, 예 : 덧신) 등을 배우며 낱말의 짜임에 대해 공부한다. 표기는 같지만 뜻이 다른 동형어, 한 낱말이 여러 의미를 가진 다의어를 익히며 어휘 수준을 한 단계 끌어올린다. 문장의 호응 관계를 익히며 어색한 문장을 자연스럽게 고칠 줄도 알게 된다.

비유적 표현과 함축적 의미가 담긴 속담도 이때 집중적으로 배운다. 관용적 표현을 잘 활용하면 글의 품격이 높아진다. 주요 표현을 따로 정리해두고 글을 쓸 때마다 적재적소에 녹여 넣는 연습을 하면 글의 수준을 한층 끌어올릴 수 있다.

초등 고학년이 되면 개요 짜기부터 퇴고까지, 글 한 편을 완성하는 훈련에 초점을 맞춘다. 이때부턴 교과서 한 페이지가 통째로 쓰기 연습장으로 주어지며 글 한 편을 쓰기 위해 여러 활동이 병행된다. 문단의 중심문장 찾기, 문단별 주요 내용 요약하기, 글의 짜임 파악하기 등이 대표적. 여러 종류의 긴 글을 읽으며 갈래별 글에 대한 감각도 키운다.

고학년인 만큼 비교적 어려운 글쓰기에 도전한다. 비교, 대조, 열거 등의 방법을 적용해 설명하는 글을 연습한다. 찬반 의견에 대한 주장하는 글쓰기도 훈련한다. 자신의 여행 경험을 살려 여정, 견문, 감상이 잘 드러나도록 기행문도 쓴다. 이런 글쓰기에서 가장 중요한 건 자기 생각과 경험이다. 평소 다양한 독서 활동이나 여행, 체험학습 등을 통해 글감을 쌓아놓으면 글을 쓸 때 큰 자산이 된다.

모든 일이 그렇듯 글쓰기도 기초가 중요하다. 문장이 모여 문단이 되고, 문단이 모여 한 편의 글이 되기 때문이다. 교과서를 따라 초등 저학년 때부터 한 문장씩 착실히 써나가자. 오래지 않아 한 문단, 한 바닥 쓰기도 가능해질 것이다.

Chapter 2.

초등 생존 쓰기 1단계
: 시작이 반, 한 줄이라도 써보자!

쉬워야 또 쓴다

계속 쓰고 싶은 마법 펜

구글의 공동 창업자 세르게이 브린과 래리 페이지, 화가 샤갈과 피카소, '상대성 이론'을 창시한 아인슈타인 그리고 스타벅스 창업자 하워드 슐츠. 이들에겐 한 가지 공통점이 있다. 모두 유대인이라는 점이다.

유대인들은 평범한 아이를 세계 최고 인재로 키워내는 특별한 교육법을 가지고 있다. 부모, 친구와 토론하며 생각하는 힘을 키워나가는 '하부르타'가 바로 그것이다. 소수 민족인 유대인들이 지속적으로 뛰어난 인재를 배출해낼 수 있는 건 끊임없이 질문을 던지고 답을 찾는 교육 방식 덕분이다.

공부는 놀이처럼
글쓰기에 대한 인식부터 바꿔야

유대인들의 교육법에는 눈에 띄는 특징이 하나 더 있다. 공부에 놀이를 접목시키는 것이다. 대표적인 예가 꿀로 글자 쓰기다. 유대인 부모는 어린아이에게 손가락에 꿀을 묻혀 글씨를 쓰게 한다. 찐득찐득한 꿀을 손가락에 바르는 재미, 달콤한 꿀을 쪽쪽 빠는 재미에 아이는 글자 공부에 흠뻑 빠져든다. 아이들은 어릴 때부터 배움을 즐거운 일로 인식한다.

우리 아이들은 반대 상황에 놓일 때가 많다. 맞춤법을 지적받는 아이, 받아쓰기에 시달렸던 아이는 글쓰기를 부정적으로 인식할 수 있다. 막막하기만 한데 무조건 써야 하는 상황에 놓여본 아이도 마찬가지다.

아이의 글쓰기 실력을 키워주고 싶다면 우선 글쓰기에 대한 아이의 인식부터 바꿔야 한다. 유대인 아이들이 꿀을 가지고 글자를 배우는 것처럼 신나는 활동으로 쓰기에 대한 흥미를 북돋는 게 급선무다.

글쓰기가 즐거워지는
마법의 초코 펜

유대인들의 교육법처럼 글쓰기도 놀이처럼 접근할 수 있다. 간단하면서도 효과가 탁월한 방법은 초코 펜으로 글씨 쓰기다. 초코 펜은 쿠키나 케이크에 그림을 그리거나 장식할 때 사용하는 베이킹 재료 중 하나. 물감처럼 작은 튜브에 초콜릿이 담겨 있어 다루기 쉬울 뿐 아니라 연필처럼 잡을 수 있어 쓰기 연습에 안성맞춤이다.

먼저 유산지를 깔고 아이들에게 쓰고 싶은 낱말이나 문장을 마음껏 쓰게 한다. 그런 다음 냉동실에 넣어 몇 분간 굳히면 세상 하나뿐인 초콜릿이 완성된다.

비스킷이나 팬케이크 위에 마음을 담은 문장을 쓰면 맛도 좋고 의미도 있는 작품이 탄생한다. 하양, 빨강, 초록 등 다양한 색깔의 초코 펜을 이용하면 쓰는 재미가 배가된다.

초코 펜을 주면 아이들은 눈을 반짝이며 쓰기에 몰입한다. 초코 펜과 함께라면 받아쓰기도 문제없다. 먹을 것으로 글씨를 쓴다는 것 자체가 아이들에겐 황홀한 경험이기 때문이다. 초코 펜은 쓰기 싫어하는 아이도 계속 쓰게 만드는 '마법의 펜'이다. 이제 막 한글을 배우기 시작한 아이부터 초등 고학년까지, 두루 유용하게 해볼 수 있는 '초등 취향 저격' 놀이다.

유치해 보이지만 글쓰기를 어려워하는 초등 고학년 아이에게도 이 방법은 꽤 효과적이다. 놀이도 놀이지만 재료를 사기 위해 마트에 갔던 일, 식탁이 초콜릿 범벅이 됐던 일 자체가 훌륭한 글감이 되기 때문이다.

시작이 반?
글감 찾기가 반!

아이들에게 글을 쓰라고 하면 십중팔구 "쓸 게 없다"고 말한다. 매일 밥 먹고 공부하는 게 전부인 일상은 '쓸거리'가 안 된다고 느끼기 때문이다. 쓸 게 없다는 아이에게 계속 쓰라고 강요하는 것은 소설을 창작하라고 요구하는 것과 다를 바 없다. 있었던 일을 사실 그대로 '전달'하는 일과 무에서 유를 '창조'하는 일은 하늘과 땅 차이이다. '창작의 고통'이란 말은 괜히 나온 말이 아니다.

우격다짐으로 쓰게 해봤자 사이만 틀어진다. 아이가 글쓰기를 어려워한다면 일단 연필을 내려놓고 글감부터 떠올리게 하자. 그래도 정말 쓸 게 없다고 하면 함께 보드게임을 한판 해도 좋다. 아이는 구체적인 게임 방법을 설명할 수도(설명문), 게임을 할 때 '이것만은 반드시 지켜야 한다'는 주장을 제기할 수도(논설문) 있다. 글이 다소 어설프고 이치에 맞지 않아도 괜찮다. 한 문장이라도 자기 생각을 넣어 완성해보는 게 중요하다.

특별하거나 거창한 일만 글감이 된다는 편견을 버리자. 실수로 교실에서 방귀를 뀐 일도, 친구와 함께 가지고 놀았던 액체 괴물도 좋은 글감이 된다. 소소한 일상도 글이 될 수 있다는 걸 깨닫고 나면 글쓰기가 만만해진다. 아이가 글쓰기를 싫어해 걱정이라면 근처 논술학원 정보를 찾기보다 쓸거리를 찾기 위해 고심해야 한다.

'치어리더 부모'가 '쓰는 아이'를 만든다

아이의 쓰기 실력 향상을 위해 부모가 논술 선생님이 될 필요는 없다. 아이가 현재 학교에서 무엇을 배우는지, 쓰기 실력은 어느 정도인지 알고 있는 것만으로 충분하다. 아이와 함께 글을 쓸 때 부모에게 중점적으로 요구되는 역할은 '지도'가 아닌 '응원'이다. 아이가 글쓰기에 흥미를 느끼고 끝까지 포기하지 않도록, 부모는 칭찬과 응원을 아끼지 않는 '치어리더'가 돼야 한다. 뭘 써야 할지 막막할 때 살짝 귀띔해주는 아빠, 연필 깎고 사과까지 덤으로 깎아주는 엄마가 있다면 아이는 서서히 쓰기에 재미를 붙이기 시작할 것이다.

아이들은 관심과 인정을 받을 때 '더 잘하고 싶다'는 내적동기를 품게 된다. 일단 잘하고 싶다는 마음이 생기면 어렵고 힘들어도 끝까지 해내는 저력을 발휘한다. 글쓰기도 아이들에겐 충분히 흥미로운 도전이 될 수 있다. 자기가 쓴 글을 기쁘게 읽어주는 부모가 곁에 있다면 말이다.

One Point Lesson!

글쓰기가 처음인 아이에게 글의 짜임부터 맞춤법까지 완벽한 글을 기대해선 안 된다. 아이는 한 문장 쓰기도 어렵게 느낄 수 있다. '이 정도면 해볼 만하다'란 마음이 들어야 글 쓰는 시간이 괴롭지 않다. 처음 글을 쓰는 아이에겐 글감을 고르는 일부터가 난관이다. 이때 부모가 적절한 주제를 제시해주면 한결 수월하게 글쓰기를 시작할 수 있다.

아이에게 "오늘 있었던 일 중 가장 ○○했던 일을 딱 한 문장만 써보자!"라고 말해주자. '죽을 때까지 기억하고 싶은 일', '은밀하고 비밀스러운 일'처럼 호기심을 콕콕 자극하는 주제를 하나씩 던져줘도 좋다. 일단 한 문장 쓰기의 달인이 되면 아이들은 두 문장, 세 문장도 어렵지 않게 써나간다.

어휘력 키우는 '침묵의 끝말잇기'

우리 집 아이들은 끝말잇기 마니아다. 학교 가는 길에도, 지하철 안에서도 틈만 나면 끝말잇기를 한다. 이젠 놀이를 한 방에 끝내는 '치트키'(컴퓨터 게임에서 사용되는 '속임수'란 뜻의 말)를 변화무쌍하게 활용해 부모도 대적하기 힘든 고수가 됐다. '마'로 끝나는 단어는 치명적일 수 있다. '마그네슘!' 한 방이면 게임 끝이다.

놀이는 아이들의 본능이다. 승부욕 또한 대단하다. '끝말잇기'와 아이들의 본능이 만나면? 어휘력이 폭발한다.

어려운 낱말도 놀이로 배우면 술술
칭찬은 어휘력을 춤추게 한다

처음엔 일상적인 낱말들로 놀이를 시작한다. 아이가 끝말잇기에 익숙해지면 부모가 먼저 한두 낱말씩 낯선 용어를 섞어 진행한다. 아이가 어려워하는 단어는 간단히 설명하고 넘어간다. 놀이가 오래 지속될 수 있도록 설명은 최대한 간단명료하게 끝낸다. 놀이가 끝난 다음 시험 보듯 단어 뜻을 확인하지 말자. 놀이가 공부로 바뀌는 순간 아이들은 흥미를 잃는다.

아이가 현재 교과서에서 배우고 있는 개념이나 용어를 끝말잇기에 활용하면 교육적 효과가 배가된다. 고사성어나 경제용어처럼 수준 높은 어휘도 놀이를 통하면 아이들은 어렵지 않게 배운다. 아이의 어휘력이 수준급으로 올라가면 '과학 끝말잇기', '역사 끝말잇기'처럼 주제를 정해 놀이 난도를 높인다.

어휘력이 자라는 3단계 끝말잇기

— 초급 단계 '쉬운 낱말 잇기' : 딸기(아이) - 기차(부모) - 차표(아이) - 표범(부모) …

— 중급 단계 '전문 용어 섞기' : 딸기(아이) - 기회비용(부모) - 용기(아이) - 기류(부모) …

— 고급 단계 '주제 한정하기' : 석빙고(아이) - 고조선(부모) - 선죽교(아이) - 교지(부모) …

아이가 새로 익힌 낱말을 놀이에 활용하면 칭찬과 함께 뜨겁게 반응해주자. 새로운 어휘를 사용할 때마다 칭찬을 들으면 아이는 자연스레 더 어려운 단어를 말하기 위해 애쓴다. 단순히 낱말을 잇는 데 집중하기보다 어른들이 쓸 법한 수준 높은 말을 구사하기 위해 두뇌를 풀가동한다. 부모님의 칭찬과 인정이 아이의 어휘력을 쑥쑥 크게 하는 것이다. 잊지 말자. 칭찬은 아이의 어휘력도 춤추게 한다.

진짜 어휘력 키우려면 유의어·반의어, 어감까지 필수

어휘력이 좋은 아이는 말도 잘하고 글도 잘 쓴다. 자기 생각과 감정을 더 정확하고 섬세하게 표현해내기 때문이다. 어휘력이 발달하면 자기 의사를 명확히 전달하고 상대의 말을 제대로 이해하는 능력이 쌓인다. 사회생활에서 필수로 요구되는, 의사소통 능력이 뛰어난 아이로 자라는 것이다.

어휘력은 '낱말의 뜻을 정확히 알고 적재적소에 잘 활용하는 능력'을 뜻한다. 어휘력이 좋다는 건 특정 낱말이 가진 여러 의미는 물론 유의어와 반의어, 단어가 갖는 특유의 느낌까지 잘 알고 있다는 뜻이다. 다음 예를 살펴보자.

[차다]

①공간에 사람, 사물, 냄새 따위가 가득하게 되다(↔비다)
②발로 내어 지르거나 받아 올리다
③몸에 닿은 물체나 대기의 온도가 낮다(↔따뜻하다)
④물건을 몸의 한 부분에 달아매거나 끼우다(↔벗다)

※ 국립국어원 표준국어대사전 참고

'차다'는 문장에서 다양한 의미로 활용된다. 이외에도 '혀를 입천장 앞쪽에 붙였다 떼며 소리를 내다', '인정이 없고 쌀쌀맞다'라는 의미로도 쓰인다. '할머니가 혀를 끌끌 차셨다' 또는 '성격이 차다'로 활용할 수 있다.

낱말의 다양한 뜻은 물론 어감까지 잘 알고 있어야 문맥의 흐름을 제대로 파악할 수 있다. 어떤 일을 '주도하다'와 '선동하다'는 모두 앞장서 이끈다는 뜻이지만 상반된 분위기를 내포하고 있다. 이처럼 단어가 갖는 느낌까지 제대로 파악해야 문해력까지 착실히 쌓을 수 있다.

쓰기도 놀이처럼 맞춤법 잡는 '침묵의 끝말잇기'

낱말을 익힐 땐 맞춤법까지 정확히 습득하는 것을 목표로 해야 한다. 맞춤법을 무시하고 제멋대로 글을 쓰면 의도했던 바를 명확히 전달할 수 없을뿐더러 글의 신뢰도가 현격히 떨어진다. 어휘 공부를 할 때 아이에게도 이 점을 꼭 설명해줘야 한다.

맞춤법 훈련이 시급한 아이와는 '침묵의 끝말잇기'를 해보자. 부모와 아이가 번갈아 가며 종이에 낱말을 이어 쓰면 된다. 글자를 또박또박 쓰고 나면 단어의 형태가 더 정확히 기억에 남는다. 틀리지 않고 쓸 수 있는 단어가 늘어나면 쓰기 속도도 쑥 올라간다.

아이가 자주 틀리는 낱말은 포스트잇에 써서 잘 보이는 곳에 붙여두고 수시로 보도록 유도하자. 완벽히 습득했을 때 포스트잇을 하나씩 제거해나가면 맞춤법 실수를 효과적으로 줄여나갈 수 있다.

어휘력을 쌓는 데도 독서가 필수다. 동화책부터 학습만화까지 초등학생들을 대상으로 한 어휘 책들을 꾸준히 읽게 하며 차근차근 새로운 낱말을 접하게 도와줘야 한다. 톡톡 튀는 표현, 감각적 어휘가 살아 있는 동시집도 재미있게 낱말을 익힐 수 있는 좋은 방법이다. 어려운 고사성어나 한자어를 익힐 땐 학습만화도 유용한 대안이 될 수 있다.

One Point Lesson!

온 가족이 다 함께 추억의 국민 게임, '쿵쿵따'를 즐겨도 좋다. 중독성 강한 리듬에 어깨를 들썩이며 "쿵쿵따"를 외치면 가족 간 유대감이 끈끈해진다. '영단어 끝말잇기'도 의외로 재미있다. '피그(pig)-그라운드(ground)-드림(dream)'처럼 영어 발음에 맞춰 단어를 잇다 보면 연상력이 좋아진다. 이기겠다는 일념 하나로 아이들이 혀를 이리저리 굴려대는 통에 대개는 엉망진창, 요절복통으로 끝나지만 한글 끝말잇기가 지루해질 때 번외 경기처럼 즐기면 소소한 추억이 쌓인다.

어휘력이 부족한 초등 고학년이라면 어휘 학습지를 고려해볼 수 있다. 현재 수준에 맞는 학습지를 택해 단계별로 실력을 높여나가면 '어휘 공백'을 효과적으로 메꿀 수 있다. 교과서를 꼼꼼히 읽는 것도 좋은 방법이다. 낮은 어휘력은 또래들과의 학습 격차를 심화시키므로 평소 아이의 어휘 수준을 주의 깊게 살펴볼 필요가 있다.

필사는 창조의 어머니

글쓰기를 처음 해보는 아이들에겐 한 문장 쓰기도 버거울 수 있다. 내가 싫어하는 채소가 '브로콜리'인지 '브로컬리'인지, 시험문제를 '맞혔는지' 못 '맞췄는지' 쓰고 지우기를 반복하다 보면 애초에 뭘 쓰려고 했는지 까먹기 일쑤다.

반대로 아무 생각 없이 신나게 쓰기만 하면 자기가 쓴 글을 읽고 망연자실해질 수 있다. 글 속에서 아버지 가방에 들어가시고(아버지가 방에 들어가시고) 어머니 가죽을 드시는(어머니가 죽을 드시는) 진풍경이 벌어지기 때문이다. 선생님이 말하는데 친구가 끼어드시는 경우도 왕왕 발생한다.

신경 써야 할 규칙이 많다 보니 글쓰기 자체를 싫어하거나 두려워하는 아이들이 적지 않다. 아이가 빈 종이 앞에서 한숨만 푹푹 내쉰다면, 필사를 하며 좋은 문장을 따라 써보게 하자. 부담은 줄이고 기초는 다지는 1석2조 훈련법이다.

틀릴 걱정 없는 필사 배경지식까지 쑥쑥

필사는 '좋은 문장을 베껴 쓰는 일'이다. 흠결 없는 문장을 골라 그대로 따라 쓰기만 하면 된다. 단어를 일일이 선택할 필요도, 띄어쓰기 때문에 골치 아플 일도 없다. 아이 입장에선 무에서 유를 창조하는 글짓기보다 필사가 훨씬 더 쉬운 일이다.

효과도 탁월하다. 문학작품, 신문 기사, 백과사전 등을 꾸준히 베껴 쓰면 생각이나 감정을 간결하고 정확하게 표현하는 기술을 체득할 수 있다. 감성 짙은 문학작품을 꾸준히 따라 쓰면 어휘력과 문장력이 눈부시게 향상된다. "조용히, 고즈넉하게, 쓸쓸히, 오롯이, 동떨어져서, 가만히, 차분하게 같은 단어들"(『우리의 정류장과 필사의 밤』 김이설, 작가정신, 2020) 처럼 각각의 단어가 갖는 미묘한 어감 차까지 습득할 수 있다.

백과사전을 필사하면 정확한 용어와 배경지식을 풍부히 쌓을 수 있다. 신문 기사를 베껴 쓰면 짧고 굵게 핵심을 전달하는 요령을 배울 수 있다. 대수롭지 않아 보이지만 꾸준히 쓰다 보면 실력이 엄청나게 쌓인다. 대입 논술, 언론 고시를 준비하는 학생들이 신문 사설을 열심히 베껴 쓰는 이유도 바로 여기에 있다.

필사를 할 땐 '과유불급'의 원칙을 지켜야 한다. 처음부터 너무 많은 양을 따라 쓰게 하면 아이가 필사 시간을 벌 받는 시간처럼 느낄 수 있다. 필사할 땐 아이가 원하는 문장을, 원하는 만큼만 쓰게 하는 게 가장 이상적이다. 즐겨 읽는 이야기책 내용을 발췌해 써도 좋고 좋아하는 노래 가사를 시처럼 베껴 써도 좋다. 자기가 원하는 내용이면 아이들은 한 페이지 분량도 거뜬히 쓴다. 필사는 자율에 맡겨야 오래 지속할 수 있다.

자신감 키우는 동시 필사

긴 글 연습하는 대화체 필사

쓰기를 싫어하는 아이라면 짧은 동시부터 시작하는 게 효과적이다. 의성어, 의태어가 가득한 동시는 읽기도 쓰기도 눈 깜짝할 사이에 끝난다. 부담이 없어 매일 해도 크게 거부하지 않는다. 동시 필사의 또 다른 장점은 아이가 글쓰기를 '해볼 만한 일'로 여기게 된다는 점이다. 길가에 굴러다니는 깡통도 한 편의 글이 될 수 있다는 걸 알고 나면 아이는 글쓰기를 더 이상 '넘기 힘든 산'처럼 느끼지 않는다.

심리적 부담이 줄어들면 도전하고픈 용기가 생기기 마련. 아이들 입에서 "이 정도는 나도 쓸 수 있겠다!"는 말이 나올 때까지, 부모는 방청객 리

액션을 준비하고 기다리기만 하면 된다. 생각보다 오래 걸리지 않는다.

독서록 쓰기를 어려워하는 아이에게도 필사가 좋은 대안이 될 수 있다. 그날 읽은 책 내용 중 가장 감동적인 부분이나 인상 깊은 구절을 그대로 옮겨 적게 하면 된다. 책에서 재미있게 읽었던 부분을 쓰도록 하면 아이들은 거침없이 쭉쭉 써 내려간다. 쓰기 때문에 골머리를 앓지 않아도 되니 독서록에 대한 부정적인 감정도 생기지 않는다.

등장인물 간의 재치 넘치는 대화도 필사하기 좋은 부분이다. 상대적으로 단문이 많아 여러 문장을 써도 아이들이 힘들어하지 않는다. 입말이 주는 생동감은 쓰는 재미를 배가시킨다. 이야기책처럼 대화체를 활용해 글을 쓰면 분량이 금세 늘어난다. 아이가 필사할 때 이 점을 짚어주면 향후 일기나 기행문 등을 쓸 때 어렵지 않게 긴 글로 나아갈 수 있다.

학습 공백 염려된다면 교과서·신문 기사 필사를

학습 공백이 생긴 초등 고학년생이라면 교과서 필사가 도움이 된다. 교과서엔 해당 학년에서 반드시 이해하고 넘어가야 할 용어나 개념이 정확히 정리돼 있기 때문이다. 초등 교과서에 나오는 핵심 용어는 '간척', '응결'처럼 낱말 자체가 개념인 경우가 많다. 수업 시간에 배운 용어 뜻을 공책에 하나씩 정리하다 보면 교과 이해도가 눈에 띄게 좋아진다.

사자성어나 속담 등 관용적 표현에 담긴 속뜻을 베껴 쓰며 의미를 파악하는 것도 좋다. '손을 씻다(나쁜 일을 그만두다)' '하늘이 노랗다(정신이 아찔한 상황 또는 기력이 몹시 쇠한 상태)'를 문자 그대로 받아들이면 글을 읽고도 엉뚱하게 답하는 참사가 발생한다. 관용적 표현들은 향후 수준 높은 글을 쓸 때 꼭 필요한 재료인 만큼 틈틈이 따라 쓰며 활용법을 익혀둘 필요가 있다.

문해력이 부족한 고학년이라면 굵직한 사건, 사고를 육하원칙에 맞춰 작성한 신문 기사를 필사해보는 게 좋다. 기사를 필사할 땐 △누가 △언제 △어디서 △무엇을 △어떻게 △왜 했는지 각 항목에 해당하는 정보를 먼저 찾아본 다음, 실제 기사를 쓰듯 처음부터 끝까지 따라 써보도록 한다. 이렇게 꾸준히 연습하면 전체적인 맥락을 파악하는 안목과 논리적으로 문장을 구성하는 방법을 체득할 수 있다. 신문 기사를 필사하면 최신 시사 용어 등 수준 높은 어휘를 다양하게 접할 수 있어 어휘력을 키우는 데도 도움이 된다. 필사할 기사는 아이의 눈높이에 맞춰 어린이 신문에서 고르는 게 바람직하다.

마음을 움직이는 문장
온 가족이 함께 하는 필사

필사는 운동처럼 온 가족이 함께 할 수 있는 활동이다. 책을 읽다 마음에 콕 와닿은 문장, 인생의 모토로 삼고 싶은 위인의 명언 등 좋은 문장을 함께 읽고 쓰면 우리만의 소소한 추억이 쌓인다. 필사 노트에 기록된 문장이 쌓일수록 가족의 삶은 더 풍요롭고 충만해진다. 부모가 먼저 실천하며 모범을 보이면 아이들도 자연스럽게 따라온다.

아이가 어느 정도 필사에 익숙해졌다면 베껴 쓴 문장 뒤에 자기 생각이나 느낌을 써보게 하자. 점진적으로 자기 이야기를 늘려나가다 보면 생각하는 힘도 자연스레 길러진다.

One Point Lesson!

필사를 통해 아이의 어휘력을 키워주고 싶다면 '우리말 도우미' 책을 택해보자. 속담이나 관용구를 이야기로 풀어놓은 동화책부터 사자성어, 고사성어를 알기 쉽게 설명한 학습만화까지 각양각색의 책들이 어린이 독자를 기다리고 있다. 마음에 드는 책 한 권을 골라 하루 한 개씩 표현과 속뜻을 필사해보자. 새로 배운 표현을 넣어 '한 문장 쓰기'를 하면 더욱 좋다. 이솝우화, 탈무드처럼 교훈 가득한 이야기를 따라 쓰면 인성을 함양하는 데도 도움이 된다.

만화의 재발견, ‘내 맘대로 말풍선’

서점에서 사고 싶다고 골라 오는 책들 역시 학습만화일 때가 많다. 아이들은 학습만화를 좋아한다. 독서를 좋아하지 않는 아이들도 학습만화는 곧잘 본다. 서점에서 사고 싶다고 골라 오는 책들 역시 학습만화일 때가 많다.

초등 교과서에도 만화가 심심찮게 등장한다. 낯설고 어려운 수학, 과학 개념이나 사회, 경제용어도 만화 형식을 빌리면 아이들이 더 쉽게, 거부감 없이 받아들이기 때문이다. 이런 학습만화의 장점을 글쓰기에 접목하면 재미에 의미까지 돋보이는 글을 쓸 수 있다.

학습만화 읽고 끝?
네 컷 만화 쓰고 끝!

초등 저학년 독서록엔 책표지 그리기, 인상 깊은 장면 그리기처럼 그리기 활동이 유독 많다. 글쓰기에 익숙지 않은 아이들을 위해 그림으로 쓰기 활동을 대체하게 한 것이다. 이런 그리기 활동 중엔 '네 컷 만화 그리기'도 있다. 주로 재미있었던 내용이나 이야기 줄거리를 네 컷 만화로 요약하는 활동이다.

만화 형식을 이용하면 이색적인 이야기를 만들어낼 수도 있다. 책을 읽고 새롭게 알게 된 사실을 말풍선에 써넣으면 나만의 학습만화가 완성된다. 등장인물들의 대화를 색다르게 바꿔 쓰면 원작과는 다른 독창적인 이야기가 탄생한다.

만화 형식을 글쓰기에 차용할 땐 그림보다 내용에 초점을 맞추는 게 바람직하다. 의미 있는 메시지를 전달하는 게 핵심이기 때문이다. 아이가 그림 그리기를 힘들어한다면 네 컷 공간을 말풍선으로만 채워도 된다.

학습만화 독후활동으로도 만화 그리기가 제격이다. 『브리태니커 만화 백과 : 신화와 전설』(봄봄스토리, 미래앤아이세움, 2016) 편을 읽었다면 각 대륙을 대표하는 신들이 자기소개하는 내용으로 만화를 그려볼 수 있다. 속담, 관용구에 대한 국어 학습만화를 읽었다면 새로 익힌 표현을 넣어 말풍선을 완성해볼 수 있다. 기존의 말풍선 내용을 지우고 완전히 새로운 내용으로 창작해볼 수도 있다.

국어 학습만화 읽고 만화 그리기 독후활동

해리포터 2탄
'비밀의 방'을 봤다.

해리, 론, 헤르미온느가
스네이프 교수에 대해
이야기하고 있었는데

진짜로 스네이프 교수가
나타났다.

호랑이도 제 말 하면 온다더니!

_3학년, 둘째

지겨운 글쓰기?
재밌는 글쓰기!

글 없는 그림책을 읽고 말풍선 포스트잇을 활용해 이야기를 지어보는 것도 재미있는 방법이다. 3학년 국어 교과서에도 같은 활동이 나온다. 그림책 『비밀의 문』(에런 베커, 웅진주니어, 2016)의 일부를 보고 원인과 결과를 떠올려 이야기를 꾸미는 활동이다.

찾아보면 『비밀의 문』처럼 상상력을 자극하는 그림책이 적지 않다.

『나의 구석』(조오, 웅진주니어, 2020), 『파도야 놀자』(이수지, 비룡소, 2009), 『케이크 도둑을 잡아라』(데청 킹, 거인, 2018), 『시간 상자』(데이비드 위스너, 시공주니어, 2018) 등이 대표적이다. 도서관에서 마음에 드는 책을 빌려 아이와 함께 이야기를 창작해보자. 마치 작가가 된 듯한 특별한 기분을 만끽할 수 있을 것이다.

매일 쓰는 일기가 지겨울 때도 만화가 대안이 될 수 있다. 그림일기 쓰듯 만화 일기를 쓰면 색다른 재미를 느낄 수 있다. 긴 글 요약하기가 어려운 아이에게도 '네 컷 만화'가 도움이 될 수 있다. 발단, 전개, 절정, 결말에 맞춰 각 칸에 이야기를 정리하면 짜임새 있게 줄거리를 요약할 수 있다.

네 컷 만화로 일기 쓰기

_3학년, 둘째

배움 공책을 정리할 때도 만화를 활용해보자. 사회, 과학처럼 사진 자료가 많은 교과의 경우 그림과 함께 내용을 정리하면 글로만 정리했을 때보다 눈에 더 잘 들어온다. 공들여 그림을 그리고 말풍선을 채우면 기억에도 더 오래 남는다.

독서에서도, 글쓰기에서도 아이들에게 재미만큼 중요한 건 없다. 공부에 방해가 될 것 같은 만화책도, 유아용처럼 보이는 그림책도 글쓰기에 도움이 되는 방향으로 얼마든지 활용 가능하다. 아이가 글쓰기에 재미를 붙이도록 부모가 먼저 생각과 마음의 문을 활짝 열어보자.

One Point Lesson!

학습만화는 독서 습관이 잘 잡혀 있지 않은 아이들에게 배경지식을 쌓게 해주는 도구가 될 수 있다. 아이가 책을 읽지 않아 고민이라면, 양질의 학습만화부터 시작해 줄글로 된 책으로 넘어가도록 유도해보자. 학습만화를 읽고 쓰기 활동을 병행하면 만화의 장점은 극대화하고 단점은 최소화할 수 있다.

추천 학습만화

『브리태니커 만화 백과』 시리즈(봄봄스토리, 미래엔아이세움)
→ 박학다식한 인재로 환골탈태!
『마법천자문』 시리즈(아울북)
→ 한자를 익히게 하는 강력한 동기부여!
『정재승의 인간탐구보고서』 시리즈(정재승 기획, 정재은·이고은, 아울북)
→ 뇌과학과 인간 심리에 대한 지식이 쏙쏙!
『살아남기』 시리즈(미래엔아이세움)
→ 실생활에 필요한 과학 상식이 다 모였다!
『who? 인물』 시리즈(다산어린이)
→ 꿈은 원대하게, 진로 계획은 확실하게!

파랑새에게 말해봐!

글쓰기는커녕 연필 쥐는 것부터 난관인 아이라면 습관 형성에 우선 목표를 둬야 한다. 글씨를 그리듯 쓰던 아이도, 쓰라고 하면 입부터 나오던 아이도 글쓰기가 습관이 되면 자세는 물론 실력도 점점 나아진다.

글쓰기 목표를 처음부터 거창하게 잡으면 곤란하다. 아이가 쓰기에 마음을 열 때까지 '연필을 잡고 앉아 있는' 데 의의를 둬야 한다. 처음부터 맞춤법 실수나 오류를 일일이 지적하면 아이가 쓰기를 거부할 수 있다. 부모의 인내가 필요하다.

처음 습관을 잡을 땐 쉽게 끝낼 수 있는 '메모하기'부터 시작하는 게 좋다. 친구와 한 약속이나 꼭 해야 할 숙제처럼 기억해야 할 내용을 간략하게 적으면 된다. 저녁 메뉴로 먹고 싶은 음식이나 시장에서 사고 싶은 것들을 직접 적도록 하면 군말 없이 해낸다.

사실 메모하기는 상대방에게 정보를 전달할 목적이든, 기억을 유지하기 위한 방책이든 일상에서 매우 빈번히, 중요하게 사용되는 쓰기 기술이다. 메모하기가 습관으로 자리 잡으면 향후 글쓰기 연습을 할 때도 훨씬 수월해진다. 메모 속에 활용할 수 있는 글감들이 차곡차곡 쌓여 있기 때문이다.

번뜩이는 아이디어가 떠올라 "아하!" 하고 외쳤을 때, 느낌이나 감정이 폭포수처럼 흘러 넘칠 때, 단 몇 마디라도 메모해두도록 아이를 독려하자. 단어에 조금씩 살을 붙여나가다 보면 한 편의 짧은 글도 어렵지 않게 완성할 수 있다.

짧은 글에 익숙한 아이들
파랑새에게 말해봐!

유명인이 '파랑새'를 통해 짧은 글을 띄우면 전 세계인이 들썩인다. 트위터 얘기다. 귀여운 파랑새가 심볼인 트위터는 이용자들끼리 140자 미만의 짧은 글을 올려 정보를 공유하는 소셜 네트워킹 서비스(SNS)다. 트위터의 가장 큰 특징은 짧은 글(여기까지가 141자다). 긴 글쓰기에 취약한 아이들에겐 연습용으로 활용해봄 직한 쓰기 도구다.

메모하기에 어느 정도 익숙해졌다면 아이와 함께 '트위터 쓰기'로 넘어가 보자. 물론 온라인에 실제 SNS 계정을 만들어 글을 쓰게 하라는 의미는 아니다. 트위터에 쓰듯 140자 안팎으로 일상에 대한 생각과 감정을 공유하는 글을 쓰는 게 핵심이다. 트위터 이미지를 편집해 세 줄 메모장을 만들어 주면 글을 쓸 때 아이들이 더 재미있어 한다. 처음엔 문장이 짧아도 괜찮다. 단어와 이모티콘의 조합이라도 상관없다. 문자를 통한 소통이 트위터 쓰기의 핵심 목적이기 때문이다.

내용에 따라 다르지만, 보통 서너 문장 정도면 140자 분량이 찬다. 학교에서 있었던 일, 가장 맛있었던 급식 메뉴, 등하굣길 목격한 황당한 사건 등 있었던 일을 말하듯 그대로 쓰게 하면 아이도 큰 고민 없이 세 줄을 완성해낸다.

푹 빠져 있는 대상에 대해 글을 쓰게 하면 더 수월하게 분량을 채운다. 좋아하는 연예인이나 요즘 유행하는 게임처럼 관심사를 주제로 내주면 아이들은 세 문장 이상도 너끈히 써낸다. 진짜 트위터에 글을 올린다고 가정하고, 외국인에게 소개하고 싶은 우리 전통문화나 관광 명소 등에 대해 짧은 글을 써볼 수도 있다.

독서록도 140자 내외로 작성할 수 있다. 육하원칙에 따라 줄거리를 요약하면 짧지만 알찬 독서록이 완성된다. 부모가 먼저 "절대 140자를 넘지 말라"고 선을 그으면 아이들은 오히려 그 정도는 '식은 죽 먹기'라고 여긴다.

단어를 문장으로 만드는 법
처음엔 부모 도움 필요해

글쓰기 경험이 많지 않은 아이에겐 140자 글도 장편소설처럼 힘들게 느껴질 수 있다. 아이가 쓰기 요령을 터득할 수 있도록 처음엔 부모가 함께 글을 쓰며 시범을 보여줄 필요가 있다.

글쓰기 전 아이와 대화를 나누며 어떤 글을 쓸지, 무엇에 대해 쓸지 충분히 논의한다. 부모는 아이의 이야기를 들으며 글로 옮겨 쓰기 적합한 표현이나 생각을 메모한다. 대화가 끝나면 아이와 함께 메모를 보며 주제에 어울리는 단어에만 동그라미를 친다. 글의 흐름이 자연스럽도록 각 단어에 번호를 매겨주면 부모 역할은 끝난다. 낱말을 문장으로 발전시키는 일은 아이 몫으로 남겨둔다.

아이가 한 문장이라도 스스로 완성해냈다면 일단 칭찬해주자. '이런 표현은 참신하고 기발하다', '이렇게도 생각해볼 수 있겠다'처럼 내용에 대한 피드백을 주는 게 좋다. 아이가 처음부터 끝까지 전 과정을 해낼 수 있도록 부모의 도움은 점진적으로 줄여나가는 게 바람직하다.

짧은 글쓰기는 아이의 표현력을 키우는 데 큰 도움이 된다. 짧지만 꾸준히 일기를 쓰면 자기 생각과 감정을 어떻게 표현해야 하는지 명확히 배울 수 있다. 설명하는 글을 쓰면 상황이나 대상을 적절하게 묘사하는 법을 익힐 수 있다. 주장하는 글을 연습하면 의견을 내세울 땐 항상 근거가 뒷받침돼야 한다는 걸 알게 된다. 꾸준한 글쓰기로 자기 표현력을 키운 아이는 학교생활도, 교우관계도 무리 없이 잘해나간다.

One Point Lesson!

첫째가 5학년 때 담임선생님은 아이의 일기에 일일이 긴 감상평을 써주셨다. 일기가 짧아도, 글씨가 날아다녀도 선생님은 아이를 칭찬해주셨다. 학기 초 일기 쓰기에 시큰둥했던 아이는 선생님의 '댓글' 읽는 맛에 점차 일기 쓰기를 즐기기 시작했다.

아이에게 쓰는 재미를 북돋아주고 싶다면, 첫째의 담임선생님처럼 아이의 글에 칭찬 댓글을 달아주자. 열심히 쓰는 모습, 끝까지 완성하는 자세를 칭찬해 주면 아이에게 좋은 동기부여가 된다.

만약 아이가 독창적인 표현이나 평소 잘 쓰지 않는 어려운 단어를 글에 썼다면 그냥 지나치지 말고 '콕' 짚어 칭찬해주자. 동그라미나 별표를 해주며 후하게 칭찬하면 아이는 계속해서 좋은 표현을 쓰기 위해 노력한다. 유독 글씨를 예쁘게 쓴 날도 특급 칭찬을 해주자. "글씨 좀 예쁘게 써라!"는 잔소리 없이도 놀라운 변화가 일어난다.

쓰는 사람이 재미있어야 읽는 사람도 재미있다. 어쩌면 아이들은 '독자'가 없어 '작가'가 되려 하지 않는지도 모른다. 부모가 먼저 아이의 첫 번째 팬이 되어주자. 아이의 글에 열렬한 환호를 보내면 아이는 더 재미있는 글로 부모에게 화답할 것이다.

공부방 일곱 동무

집중력이 짧은 초등생들은 글 쓰는 분위기에 영향을 많이 받는다. 글쓰기는 내 생각과 감정을 투영해 문장을 완성하는 일. 아이가 차분히 마음을 가라앉히고 내면의 소리에 집중할 수 있도록 주변 소음이 없는 장소나 시간대를 찾는 게 좋다.

글쓰기 좋은 장소와 시간을 찾았다면 꼭 필요한 준비물을 갖출 차례. 옷 짓는 아씨 곁에 재주 많은 일곱 동무(『아씨방 일곱 동무』 이영경, 비룡소, 1998)가 있었던 것처럼 글 짓는 아이 곁에 힘을 더해줄 도구들을 미리 준비해두자.

1. 종이

저학년이라면 10줄 공책이나 일명 '깍두기 공책'이라 불리는 칸 공책을 사용하는 게 좋다. 특히 띄어쓰기 연습이 필요하다면 칸 공책을 이용해 필사하는 게 도움이 된다.

고학년이라면 별도의 공책을 준비하기보다 학교 과제로 제출하는 일기장, 독서록에 꾸준히 글을 쓰는 게 좋다. 일기장은 형식에 구애받지 않고 자유롭게 글을 쓸 수 있는 공간이다. 다양한 갈래의 글을 일기장 안에서 마음껏 시도해보자. 내용이 부실해도, 분량이 적어도 상관없다. 매일 꾸준히 쓴다는 것만으로도 선생님께 좋은 인상을 줄 수 있다.

그때그때 아무 데나 글을 쓰면 보관이 쉽지 않다. 어떤 글이든 한 곳에 꾸준히 써야 기록으로 남기기 좋고 실력이 느는 것도 확인할 수 있다. 다 쓴 공책은 아이만의 '아카이브'가 되도록 버리지 말고 모아두자.

때에 따라 아이가 동시를 쓰거나 그림일기를 쓰고 싶어 할 수도 있다. 책표지를 다시 디자인하거나 등장인물에게 줄 상장을 만들 수도 있다. 갖가지 상황에 대비해 스케치북, A4용지도 미리 준비해두자.

2. 필기구

연필은 어떤 종류든 상관없지만 손힘이 부족해 쓰기 힘들어하는 아이에겐 4B 연필이 좀 더 편할 수 있다. 종이와 마찬가지로 다양한 필기구를 활용하면 글쓰기의 지루함을 덜 수 있다. 색연필, 사인펜, 형광펜은 초등 공부방의 기본 도구다. 이따금 색지에 젤리펜으로 초대장을 쓰게 하면 특별한 이벤트 같은 느낌을 줄 수 있다.

3. 지우개

지우개는 글쓰기 시간에 없어서는 안 될 필수품이다. 글을 쓰는 도중에 지우개를 찾으러 돌아다니다 보면 맥이 끊기기 쉽다. 아이가 지우개를 찾느라 시간을 허비하지 않도록 여벌의 지우개를 항상 같은 위치에 놓아두면 유용하다.

4. 포스트잇과 이모티콘 스티커

다양한 모양의 포스트잇은 글쓰기에 재미를 더한다. 만화 형식의 글을 쓸 땐 말풍선 모양 포스트잇이 안성맞춤이다. 모르는 어휘나 맞춤법을 익힐 때도 알록달록 귀여운 모양의 포스트잇이 도움이 된다. 이모티콘 스티커는 일기나 동시, 편지글 등을 쓸 때 활용할 수 있다. 감정 표현이 담긴 문장에 스티커를 붙이면 더 재미있고 감각적인 글이 탄생한다.

5. 달력

공부방에서 달력은 여러모로 쓸모가 많다. 그날그날 인상 깊었던 일을 메모해둘 수도 있고 학습 계획을 세울 때도 요긴하다. 글을 쓴 날마다 표시를 해두면 쓰기 현황을 한눈에 파악할 수도 있다. 달력에 표시된 국경일과 명절, 절기는 그 자체로 좋은 글감이 된다. 예를 들어 단오나 동지 같은 명절이나 절기엔 세시풍속에 대해 조사하고 설명하는 글을 써볼 수도 있다. '이순신 장군 탄신일', '세계 동물의 날' 같은 기념일에도 관련 도서를 찾아 읽고 다양한 갈래의 글쓰기를 시도해볼 수 있다.

6. 메모장

아이들은 엉뚱한 상상을 자주 한다. 우스운 얘기도 곧잘 지어낸다. 갑자기 속마음을 툭 터놓을 때도 있다. 어떤 생각이나 느낌이 떠오를 때마다 메모장에 기록하는 습관을 들이면 글감이 시나브로 쌓인다. 틈틈이 기록해놓은 메모장은 일기, 독서록 등 내 경험을 연결 지어 글을 쓸 때 좋은 참고자료가 된다. 아이가 메모 습관을 들이기까지는 시간이 걸릴 수 있으므로 부모가 곁에서 메모하는 모습을 자주 보여주자.

7. 국어사전

3학년 1학기 국어 시간에 국어사전 활용법을 배운다. 생각보다 어려워하는 아이들이 많다. 자주 찾아보는 수밖에 방법이 없다. 아이가 낱말 뜻을 물어오면 함께 국어사전을 찾아보며 활용법을 익히게 도와주자. 이렇게 찾아본 단어는 실제 글을 쓸 때 활용할 수 있도록 따로 적어두는 게 좋다.

Chapter 3.

초등 생존 쓰기 2단계
: 이렇게 즐거운 글쓰기라면!

재미있어야 실력이 쌓인다

글로 나누는 대화,
'책톡'

지난 2020년, 엄마로서 다시는 겪고 싶지 않은 무시무시한 경험을 했다. 코로나19 바이러스 확산으로 강력한 사회적 거리두기가 실시되면서 초등 수업이 전면 온라인 학습으로 진행됐던 것. 그해 1년은 아이들에겐 '방학', 엄마들에겐 '개학'인 공포의 한 해였다. '돌밥설(돌아서면 밥하고 설거지 한다)'의 무한 반복은 기본, 아이들 학습 도우미 역할까지 수행하다 보면 금세 혼이 빠지곤 했다.

집에만 있어도 바쁜 엄마에게 둘째는 하고 싶은 말이 많았나 보다. 옆에서 조잘조잘 말하면 귀 기울여 들어주고 충분히 안아도 줬는데 그 정도론 성에 차지 않았는지, 어느 날 조용히 다가와 엄마만 보라며 공책을 내밀었다.

나는 너무 심심하다. 오빠한테 놀아달라고 했건만 책만 읽고 엄마는 너무 바빠서 놀아주지 못했다. 그리고 아빠랑 놀면 재미업다. 나는 우리 가족이 내 마음을 알아 주어쓰면 좋겠다.

_2학년, 둘째

늘 뒷전으로 밀리는 둘째 설움이 짧은 문장 속에 뚝뚝 묻어났다. 다음 장에도, 또 그다음 장에도 엄마의 관심과 사랑을 오빠와 나눠야 하는 서운함이 방울방울 맺혀 있었다. 순간, 직업병이 발동해 맞춤법을 고쳐주려다가 한쪽 귀퉁이에 마음을 담아주는 것으로 대신했다.

엄마가 미안해. 그리고 많이 사랑해. 내일은 네가 좋아하는 메뉴로 함께 요리해보자!

_엄마가

어쩌면 참 상투적인 위로였는데 둘째는 이불에 얼굴을 묻고 숨죽여 울었다. 자기 마음을 이제야 알아주는 엄마가 야속하면서도, 이제라도 알아준 엄마가 고맙기도 했을 터. 주체할 수 없는 양가감정 속에 기어코 눈물이 터졌을 것이다.

진짜 마음을 말해요
'카톡' 말고 '책톡'

그때부터 둘째와 나는 친한 친구끼리 교환 일기장을 쓰듯 함께 글을 썼다. 둘째가 읽고 낄낄거리기도 하고 감동적이라며 울기도 하니, 첫째가 급기야 자기도 끼워달라며 관심을 보였다. 그러면서 덧붙인 말.

"이 책톡 재미있네!"

노트 위에 짧은 대화가 오가니 첫째 눈엔 SNS 메시지처럼 보였나 보다. 그때부터 우리의 '책톡'이 시작됐다. 고기가 너무 맛있어서 지었다는 '스테이크'란 동시부터 죽어가는 철새들을 위해 환경보호에 더 애쓰겠다는 결연한 다짐까지, 둘째는 그때그때 떠오르는 생각을 자주 책톡에 남겼다. '아이는 혼자 이런 생각들을 하고 있었구나.' 둘째 덕분에 진심은 '말'이 아닌 '글' 속에 숨어 있다는 사실을 뒤늦게 깨달았다.

'포노 사피엔스'도 연필이 필요해
부모와 아이가 함께 하는 필담

요즘 초등생 중엔 스마트폰을 가지고 있는 아이들이 적지 않다. 엄마

뱃속에서부터 스마트폰을 경험하고 태어난 '포노 사피엔스'들에겐 손편지보다 문자 메시지가 훨씬 더 간편한 소통 도구일 것이다. 스마트폰의 편리함은 타의 추종을 불허한다. 하지만 어린 아이들이 사용하기엔 부작용이 만만치 않다는 게 문제다.

아이의 스마트폰 이용 시간이 길어 걱정인 부모라면 아이와 함께 필담을 나눠보자. 짧게라도 오늘 하루 있었던 일에 대해 글로 적어 나누면 마음이 차분히 가라앉는 걸 느낄 수 있다. 부모와 아이가 함께 쓰는 공유 일기장을 만들어 서로의 속마음을 나누는 것도 좋은 방법이다. '사랑한다'는 말 한 마디만으로도 서로의 마음엔 호랑이 기운이 솟아난다.

아이에게 무슨 말을 어떻게 써야 할지 모르겠다면 책을 읽다 발견한 좋은 글귀나 명언을 써주자. 사춘기에 접어든 아이들에겐 웅숭깊은 한 문장이 백 마디 잔소리보다 효과적이다.

마음의 건강을 확인하는 시간
부모가 먼저 쓰기 시작해야

부모에게 혼나는 게 두려워서, 걱정 끼치는 게 미안해서 사실을 감추고 감정을 숨기는 아이들이 적지 않다. 가슴에 생긴 상처는 묵히고 방치하면 곪아 터지기 마련이다. 아이가 부정적인 감정까지 부모에게 솔직히 이야기할 수 있으려면 부모가 먼저 가감 없이 자기 속마음을 털어놓아야 한다. 회사에서 짜증 나고 힘들었던 일, 동료와 대화가 통하지 않아 속상했던 마음을 부모가 먼저 털어놓으면 아이 역시 수학 시험을 망친 일부터 자기를 괴롭히는 친구 때문에 슬펐던 일까지 부담 없이 얘기할 수 있게 된다.

아이들의 문제는 종종 걷잡을 수 없을 만큼 빠른 속도로 악화되곤 한다. 아이가 감당하기 어려운 문제로 혼자 끙끙 앓지 않도록, 부모가 먼저 대화의 문을 열고 아이와 소통하기 위해 노력해야 한다. 부모와 스스럼없이 대화하는 아이는 더 의연하고 담대하게 문제 상황에 대처해나갈 수 있다.

가족끼리 다투거나 기분이 상하는 일이 생겼을 때도 부정적인 감정을 글로 표현해보자. 서럽고 분한 감정을 글로 쏟아내고 나면 격해졌던 마음이 조금씩 누그러든다. 일단 감정이 가라앉고 나면 서로에게 상처가 될 말도 저절로 삼가게 된다.

One Point Lesson!

아이를 사랑하지 않는 부모는 없다. 매일 꽉 안아주고 백만 번씩 사랑한다 말해도 모자라다 여기는 게 부모 마음이다. 그런데 가끔은, 마음과는 다르게 거친 말이 화살처럼 튀어 나가기도 한다. 아이 앞에서 솔직하게 마음을 드러낸다는 게 쑥스럽게 느껴질 때도 있다.

그림책 『알사탕』(백희나, 책읽는곰, 2017)엔 주인공 동동이에게 아빠가 끊임없이 잔소리하는 장면이 나온다. 다행히 동동이는 아빠의 속마음이 '사랑해'란 세 글자로 가득 차 있다는 걸 안다. 마법의 알사탕 덕분이다. 불행히도 우리 세계엔 마법이 통하지 않는다. 그래서 더더욱 아이 마음을 어루만져줄 '마법의 문장'이 필요하다. 엄마 아빠의 체온이 느껴지는 따뜻한 손편지는 아이의 마음에 온기를 더한다. 어떤 말을 써야 할지 모르겠다면 틈틈이 책을 읽으며 문장을 수집해보자. 가슴에 훈김을 더할 문장들을 서로 주고받다 보면 서먹했던 가족 관계도 전에 없이 끈끈해질 것이다.

저학년 아이들에게

√ "살아 있다는 건 세상의 모든 아름다움과 마주하는 거야. (중략) 그리고 감춰진 나쁜 마음을 조심스레 막아 내는 것이지."_『살아 있다는 건』(다니카와 슌타로, 비룡소, 2020)

√ "넌 무엇에 푹 빠져 있니?"_『수학에 빠진 아이』(미겔 탕코, 나는별, 2020)

√ "틀리는 걸 두려워하면 안 돼. 틀린다고 웃으면 안 돼. 틀린 의견에 틀린 답에 이럴까 저럴까 함께 생각하면서 정답을 찾아가는 거야. 그렇게 다 같이 자라나는 거야."_『틀려도 괜찮아』(마키타 신지, 토토북, 2006)

√ "나는 원래부터 생각하고 배우는 걸 좋아하는 아이인데다, 친구들도 이렇게 많으니까 아무래도 훌륭한 사람이 될 것 같아."_『모두에게 배웠어』(고미 타로, 천개의바람, 2015)

√ "배움은 그 시작도 마침도 모두 부지런함이다."_『책 씻는 날』(이영서, 학고재, 2011)

√ "옳음과 친절함 중 하나를 선택해야 할 땐 친절함을 선택하라."_『아름다운 아이』(R. J. 팔라시오, 책과콩나무, 2012)

고학년 아이들에게

√ "크고 거창하지 않아도 좋다. 인생은 결과가 아니라 과정이니까."_『멀쩡한 어른 되긴 글렀군』(최고운, 위즈덤하우스, 2020)

√ "우리의 작은 우주는, 우리가 읽은 책들로 이루어져 있다."_『다다다』(김영하, 복복서가, 2021)

√ "사람들은 말재주가 뛰어난 사람을 부러워하지만, 결국 곁에 두고 싶어하는 사

람은 말에서 마음이 느껴지는 사람이다."_『말 그릇』(김윤나, 카시오페아, 2017)

√ "하루하루를 보람차고 즐겁게 보내렴. 그렇게 일과 놀이를 잘 조화시키면서 살면 시간의 소중함을 이해하게 될 거야."_『작은 아씨들』(루이자 메이 올콧, 알에이치코리아, 2020)

√ "삶의 의미는 자신의 재능을 발견하는 것이고 삶의 목적은 그 재능으로 누군가의 삶이 더 나아지게 돕는 것이다."_파블로 피카소

√ "어쩌면 나는 너한테 필요한 조언을 다 못 해줄 테지만, 그런 내게 네 이야기를 들려주어 참말로 고맙다고. 나는 네게 좋은 상담자가 되어주지 못한 걸 미안해하지 않을 테니 너 또한 내게 한밤에 찾아온 걸 미안해하지 않기로 하자고. 네가 말함으로써 조금이나마 후련해진 만큼 나 역시 '듣는 귀'가 되어주어 기쁘다고."_『별것 아닌 선의』(이소영, 어크로스, 2021)

내 이름을 바꿔줘!

글쓰기는 시작이 어렵다. 처음 만난 친구에게 말을 걸 때처럼 어색하고 긴장된다. 어떤 말로 운을 뗄지, 어떤 방식으로 접근해야 할지 글을 쓰기 위해 연필을 든 그 순간 머릿속은 백지장처럼 하얘진다.

시작하는 데 시간이 오래 걸리는 아이에겐 '모방'이 좋은 대안이 될 수 있다. 좋아하는 작품이나 따라 해보고 싶은 아이디어를 참고해 나만의 이야기로 바꿔보는 방법이다. 믿고 따를 '가이드라인'을 제시해주면 아이들은 한결 편하게 글쓰기를 시작한다. 책 제목, 노래 가사 바꾸기도 얼마든 글쓰기 활동으로 변형할 수 있다. "마음대로 다 바꿔!" 한 마디면 언제 그랬냐는 듯, 아이들 입에서 쓰기 싫다는 말이 쏙 들어간다.

짧은 글이 뚝딱!
이름 바꿔 쓰기

이제 막 글쓰기를 시작한 아이에겐 간식 이름 바꾸기가 제격이다. 달콤한 간식은 글을 술술 써지게 하는 특급 도우미다. 평소 아이가 좋아하는 과자나 아이스크림을 미리 구입해 책상 위에 올려놓으면 언제나 효과 만점이다.

방법은 간단하다. 평소 즐겨 먹는 간식 이름을 원하는 대로 바꾸고, 그 이유를 한두 줄 덧붙이면 된다. '죠리퐁'을 좋아하던 첫째는 과자 이름을 '졸리퐁(Jolly Pong)'으로 바꾼 적이 있다. 먹으면 행복해지는 맛이라, '죠리' 대신 발음이 비슷한 'Jolly(행복한, 즐거운이란 뜻)'로 이름을 바꿨다고 썼다. '고래밥'을 좋아하는 둘째 역시 고래는 주로 크릴 같은 작은 먹이를 먹는다는 점, '고래밥'에 들어 있는 불가사리, 게, 거북이는 고래의 먹이가 아니라 함께 사는 해양 생물이라는 점을 들어 '고래와 친구들'이라고 이름을 바꿨다.

범위를 넓혀 별자리 이름이나 동물, 식물의 이름을 기발하게 바꿔볼 수도 있다. 특히 동식물 중엔 '애기똥풀', '초코칩 불가사리'처럼 특이한 냄새나 생김새를 보고 지은 별난 이름들이 많다. 평범한 동식물 이름을 각각의 특징을 잡아 독특하게 바꾸다 보면 대상을 더 면밀하게 뜯어보는 습관을 기를 수 있다.

일기 쓰기처럼 정기적으로 학교에 제출하는 숙제는 소재가 바닥나기 쉽다. 이럴 때, '내 맘대로 바꾸기'란 제목으로 자유롭게 글을 쓰면 골치 아픈 일기 쓰기도 쉽고 빠르게 해결할 수 있다. 창의력이 쑥쑥 크는 건 기분 좋은 '덤'이다.

책 읽고 이야기 바꿔 쓰기
배경지식까지 탄탄히

흥미진진한 이야기를 발견했다면 재빨리 쓰기 공책을 펼쳐보자. 완성된 틀에 내 생각을 살짝 끼워 넣으면 어렵지 않게 짧은 글 한 편을 지을 수 있다.

『가정 통신문 소동』(송미경, 위즈덤하우스, 2017)엔 아이들이 마음대로 만든 '가짜' 가정 통신문이 등장한다. 가짜 가정 통신문엔 '아무도 읽지 않는 긴 인사'도, 도돌이표처럼 반복되는 학교 소식도 없다. 대신 온 가족이 놀이공원에 가서 사진을 찍어 오라거나 아이가 평소 즐겨 보는 영화나 만화책을 보고 '부모가 감상문을 써서' 제출하라는 내용이 담겨 있다. 처음엔 어리둥절하던 부모들도 아이들과 함께 시간을 보내며 참교육의 의미를 깨닫는다.

책에 나온 '가짜 가정 통신문'을 참고해 아이들도 '내 맘대로 가정 통신문'을 써볼 수 있다. 독후활동으로 자주 활용되는 '이야기 바꿔 쓰기' 방법이다. 처음부터 끝까지 모든 내용을 바꾸려고 하면 어려울 수 있다.

가정 통신문 중 하나를 골라 과제와 벌칙만 바꾸는 식으로 변형하면 쉽고 재미있게 이야기 한 편을 완성할 수 있다.

『그래서 이런 지명이 생겼대요』(우리누리, 길벗스쿨, 2011) 역시 바꿔 쓰기 기법을 적용하기 좋은 책이다. 이 책은 '말죽거리', '아차산' 등 독특한 지명이 생겨난 유래를 역사적 사건이나 인물, 설화를 통해 알기 쉽게 설명해준다. 지리와 역사를 동시에 배울 수 있어 유익한 책이다.

이 책을 읽은 뒤엔 '나라면 이렇게 이름을 짓겠다'는 내용으로 글을 쓸 수 있다. 지명의 유래를 간략히 요약한 다음 그에 걸맞는 이름을 새롭게 떠올리다 보면 상상력과 창의력이 콕콕 자극된다. 이야기와 함께 실려 있는 네 컷 만화 대사를 마음대로 바꿔보는 것도 재미있는 활동이 될 수 있다. 법, 과학, 정치, 직업 등 이 책의 다른 시리즈를 읽고 같은 방식으로 독후활동을 이어가면 여러 분야의 배경지식이 폭넓게 쌓인다.

처음엔 만만한 활동 위주로 '해볼 만하다'는 생각이 좋은 '약'

글쓰기 경험이 많지 않은 아이에겐 쉽고 간단한 활동을 제안해야 한다. 글을 쓸 때마다 지나치게 시간이 오래 걸리거나, 무슨 말을 써야 할지 몰라 머리를 쥐어짜게 되면 '쓰기는 힘들고 고통스러운 것'이란 인식이 생긴다. 글쓰기에 대한 부정적 태도가 굳어지면 글을 쓸 때마다 부모와 아이는 전쟁을 치를 수밖에 없다.

이런 불상사를 방지하려면 처음부터 쓸 범위를 콕 짚어주는 게 좋다. 아이가 응용해서 쓸 수 있도록 다양한 문장을 예로 들어주는 것도 방법이다. 글쓰기 경험이 어느 정도 쌓일 때까지, 초반에 신경을 잘 써주면 아이는 오래지 않아 쓰기를 만만하게 여기는 아이로 진화한다.

One Point Lesson!

글쓰기를 싫어하는 아이, 힘들어하는 아이에겐 '초간단 글쓰기'가 약이다. 두세 문장만 써도 한 편의 글이 완성되는 경험을 자주 하게 해주자. 문장이 글이 되는 과정을 반복해 연습하면 시작부터 끝까지 글 한 편을 완성하는 법도 배우게 된다.

1. 내 맘대로 이름 바꾸기

나는 ________ 과자(또는 음식)를 무척 좋아한다. ________________이 가장 큰 매력이라고 생각한다. 만약 내가 이 회사의 사장이라면 과자 이름을 ________ 라고 바꾸고 싶다. 그 이유는 ______________________이기 때문이다.

2. 내 맘대로 가정 통신문 쓰기

○○ 초등학교 | 가정 통신문 | 제 58호

아무도 읽지 않는 상투적이고 지루한 인사는 가볍게 건너뛰고 아주 중대한 이야기를 하겠습니다.

이번 주는 아이가 좋아하는 ______________________을(를) 온 가족이 ○시간 함께 한 뒤, 진 사람이 1,000자 분량 감상문을 써서 제출해주시면 됩니다.

이긴 사람에게 ______________________________을(를) 해주는 것도 잊어선 안 됩니다. 아이들의 소원이란 늘 그렇듯 말문이 막히도록 파격적이고 숨이 멎을 정도로 충격적이겠지만, 이런 게 아이들의 정신적 건강에 얼마나 좋은지 말 안 해도 다들 잘 아시겠지요.

아이들의 친구 ○○ 초등학교 교장

3. 내 맘대로 지명 바꾸기

경상북도 영주시 안정면 동촌1리는 '피끝마을'이라고도 불린다. 조선시대에 단종 복위 운동을 벌인 사람들이 순흥에서 처형당했는데, 희생자들의 피가 시냇물처럼 흐르다 이곳에서 끝났다 하여 '피끝마을'이라고 부르기 시작했다고 한다.
내가 만약 타임머신을 타고 그때로 돌아간다면 마을 이름을 ○○마을이라고 지을 것이다. 왜냐하면 ______________________________이기 때문이다.

띵동! 택배 왔어요!

집콕 생활이 길어지며 어느 때보다 바빠진 '물건'이 있다. 택배 상자다. 각종 생필품은 물론 온라인 서점에서 주문한 책까지, 택배 기사님들이 수시로 배송해주시니 치우고 돌아서기 바쁘게 상자가 쌓인다.

택배 중엔 아이들 물건도 적지 않다. 1년에 딱 한 번 맘껏 고르는 생일 선물, 다음 권 나오기만을 손꼽아 기다렸던 만화책, 학교에 가져갈 공책과 풀…. 자기 물건이 주문된 걸 알고 나면 아이들은 자꾸만 현관문 앞을 어슬렁거린다. 들릴락말락 자기도 모르게 혼잣말을 읊조리면서. "내 택배는 언제 올까?"

글이 현실이 되는 짜릿함 '택배 상자'로 글쓰기

그림책 『띵동! 택배 왔어요』(강효미, 교원ALL STORY, 2012)에도 택배 상자를 기다리며 한껏 들떠 있는 주인공이 등장한다. 벨이 울릴 때마다 총알같이 달려 나가는 아이의 모습은 요즘 우리의 모습과 꼭 닮았다. 무료한 일상에 '찰나의 짜릿함'을 안겨주는 택배 상자. 경쾌하게 울려 퍼질 초인종 소리를 기다리며, 설레는 마음으로 글을 써보는 건 어떨까.

'인생은 타이밍'이란 말처럼 글쓰기도 타이밍이 중요하다. 아이가 원하는 물건을 주문해주기로 했다면? 글쓰기 딱 좋은 순간이다. 진짜 주문서를 쓰는 것처럼 항목에 맞춰 아이와 함께 글을 써보자. '내가 쓰는 주문서'란 제목을 달면 글 한 편이 뚝딱 완성된다.

먼저 주문한 날짜와 주문자 명(아이 이름), 집 주소와 연락처를 쓴다. 그런 다음 글의 핵심인 '주문 사항'을 상세히 써넣는다. 어떤 물건을 원하는지 제품의 모양과 색깔, 특징을 조목조목 묘사하다 보면 한 편의 멋진 설명문이 탄생한다.

자기가 갖고 싶은 물건인 만큼 아이는 시시콜콜한 내용까지 술술 써 내려 간다. 마음이 즐거우니 힘든 줄도 모르고 흥이 나서 쓴다. 특정 물건을 소개하는 짧은 글쓰기는 3학년 국어 교과서에도 나오는 활동이다.

'떡 줄 사람' 설득하는 주장하는 글쓰기

이미 제품을 주문한 후라면 택배를 기다리며 '특별히 받고 싶은 선물'에 대해 글을 써볼 수 있다. 아이들 마음속엔 갖고 싶어 몸이 근질거리는 물건 하나쯤은 있기 마련이다.

'동영상 한 시간 시청권', '학원 하루 빠지기 쿠폰'처럼 선물 범위를 추상적인 개념으로 무제한 확장하면 아이들 눈빛이 반짝반짝 빛난다.

받고 싶은 선물에 대해 글을 쓰면 아이들은 으레 김칫국부터 마신다. 글쓰기 전, 타당한 근거를 들어 '떡 줄 사람'의 마음을 설득하는 게 이 글의 핵심임을 일러두자. 그 선물이 왜 필요한지, 부모가 왜 지갑을 열어야 하는지 합당한 이유를 토대로 의견을 제시하게 하면 자연스레 주장하는 글이 완성된다.

글을 쓴 다음 아이가 원했던 선물을 깜짝 이벤트처럼 전달하면 아이는 글쓰기를 즐거워할 뿐 아니라 계속 쓰고 싶다는 생각을 품게 된다. 영화 <월터의 상상은 현실이 된다>처럼 글이 현실이 되는 짜릿함을 만끽하고 나면 글쓰기에 대한 확실한 동기가 생기게 된다.

택배 상자 타고
상상의 나라로

택배를 글감으로 글을 쓰는 김에 상상의 날개를 활짝 펼쳐보자. 원하는 곳으로 떠날 수 있는 항공권, 우주 왕복 티켓을 택배로 받는다고 가정하고 여행을 주제로 글을 써보는 것. 이색적인 여행지, 특정 나라에서만 먹을 수 있는 음식 등 세계 문화에 대한 책을 읽고 글을 쓰면 내용이 더 풍성해진다. 여행 다큐멘터리를 시청하거나 해외여행 가이드북을 읽고 글을 쓰는 것도 도움이 된다.

쓸거리가 생겼을 때 바로 연필을 찾는 습관. '꾸준히 쓰는 삶'을 실천할 수 있는 가장 근본적인 방법이다. 쓰고 싶은 말이 흘러넘쳐 손이 근질근질할 때, 그 황금 같은 타이밍을 잘 포착해 실천에 옮기게 하자. 오래지 않아 아이의 쓰기 실력이 비약적으로 발전할 것이다.

One Point Lesson!

아이가 받고 싶어 하는 물건이 있다면 직접 주문서를 쓰게 하자. 물건의 외양은 물론 기능까지 구체적으로 적게 하면 어휘력과 표현력이 향상된다. 제품에 부착된 설명서를 꼼꼼히 읽으면 쓸거리가 더 많아진다.

택배를 기다리며 글쓰기

1. 내가 쓰는 주문서

<table>
<tr><td colspan="2">주문서</td></tr>
<tr><td colspan="2">월 일 요일</td></tr>
<tr><td>이름</td><td></td></tr>
<tr><td>연락처</td><td></td></tr>
<tr><td>주소</td><td></td></tr>
<tr><td colspan="2">주문 사항</td></tr>
<tr><td colspan="2">제품명, 제품 특징(색상, 크기, 모양, 용도), 배송 시 유의사항 등에 대해 자유롭게 쓰기</td></tr>
<tr><td>결제금액</td><td></td></tr>
<tr><td rowspan="3">결제방법</td><td>□ 심부름 1번 하기 □ 글씨 예쁘게 쓰기 □ 숙제 밀리지 않기</td></tr>
<tr><td>□ 줄넘기 하기 □ 도서관에서 책 빌리기 □ 방 정리하기</td></tr>
<tr><td>□ 기타 ( )</td></tr>
</table>

2. 택배 상자, 넌 어떻게 생각하니?

비대면 문화가 빠르게 자리잡으면서 배송업이 활황을 맞았다. 클릭 한 번으로 필요한 물품을 집 앞에서 받을 수 있으니, 우리 삶은 더 편리해졌다. 반대로 환경 문제는 더 심각해졌다. 제대로 처리되지 않은 일회용 제품과 포장재가 기하급수적으로 늘어 처리되지 못한 채 쌓이고 있다.

아이와 함께 그림책 『상자 세상』(윤여림, 천개의바람, 2020)을 읽고 자기 생각을 써보자. 택배 상자를 아무렇게나 버리는 사람들의 태도를 비판해도 좋고, 그간의 내 행동을 반성해도 좋다. 택배 상자를 재활용할 수 있는 창의적인 방법까지 떠올리면 아이의 생각 주머니가 쑥쑥 자라날 것이다.

알아두면 쓸모 있는 우리 가족 단어사전

아이를 키우다 보면 별것 아닌 일에 날카롭게 반응할 때가 있다. 특히 부모가 가치 있게 여기는 덕목을 아이가 무시하는 것처럼 보일 때, 부모와 아이 사이엔 엄청난 파열음이 생기곤 한다.

나는 정리 문제를 놓고 늘 둘째와 입씨름을 벌인다. 정리벽이 있는 첫째는 알아서 화를 피해가는데, 창작욕 넘치는 둘째가 말썽이다. 책상 위엔 레고 블록이 산산이 흩어져 있고, 방바닥엔 천조각들이 늦가을 낙엽처럼 널브러져 있다. 바늘이 날을 세우고 돌아다닐 때도 적지 않다. 다 했으면 치우라고 해도 아이는 '진행 중'이라며 버틴다. 결국 좋은 말로 시작해 언성을 높이며 끝난다.

도돌이표처럼 반복되는 싸움에 지쳐 우리끼리 규칙을 정했다. "하나, 둘, 셋…" 카운트다운이 시작되면 엄마의 인내심이 한계에 도달했음을 알아차리고 방바닥만큼은 깨끗이 정리하기로. 아이에게 충분한 시간을 주기 위해 나는 최대한 천천히 숫자를 센다. 둘째에게 엄마의 카운트다운은 '더 이상의 아량은 없다'는 최후통첩이다.

알쏭달쏭 우리말
'신비한 단어사전' 만들기

그림책 『아빠한테 물어보렴』(다비드 칼리, 책빛, 2020)은 아이들을 위한 '어른 말 해설서'다. 곧이곧대로 믿었다간 낭패 보기 십상인, 어른들의 모호한 말들이 담겨 있다. 고양이를 키우고 싶다는 아이에게 부모가 "생각 좀 해보자"고 답변했다면 '안 된다'는 뜻이다. 엄마는 아빠에게, 아빠는 엄마에게 자꾸 대답을 미룰 땐 답하기 상당히 곤란하단 의미다.

소시지를 매일 먹으면 왜 안 되는지 아이들은 이유가 궁금할 뿐인데, 정작 돌아오는 답은 "왜긴 왜야!"다. "크면 다 알게 돼", "넌 몰라도 돼" 역시 아이들 입장에선 선뜻 이해하기 어려운 대답이다. '모르면 질문하라고 할 땐 언제고, 왜 아무도 답해주지 않을까?' 아이 마음속에선 이런 의문이 피어오를지도 모른다.

말은 때에 따라 다양한 의미로, 또는 정반대의 뜻으로 해석될 수 있다. 어떤 상황에서 어떤 목소리로, 어떤 표정을 띠며 말하느냐에 따라 그 의미가 확 달라지기도 한다.

부모들이 아이에게 자주 하는 말, "참 잘한다!"가 대표적인 예다. 진심으로 아이에게 감탄할 때도, 눈살이 찌푸려질 만큼 못마땅한 순간에도 같은 말이 터져 나온다. '화자의 의도'나 '함축적 의미'를 알 리 없는 아이들은 부모의 '잘한다'는 알쏭달쏭한 말에 고개를 갸웃거릴 수밖에 없다.

부모의 애매한 답변, 일관되지 않은 태도는 아이들을 헷갈리게 한다. 대화의 질을 높이기 위해서라도 부모는 가정 내 언어생활에 각별하게 신경 써야 한다. 아이와 소통의 문제를 겪고 있다면 우리 가족을 위한 '신비한 단어사전'을 만들어 활용해보자. 일상 속 갈등과 분쟁을 해결할 수 있는 우리만의 '언어 신호'를 만들어보는 것이다.

우리 집에선 "양치하자!"("우유 한 잔 마시고 할게요.")가 잠잘 준비를 하란 신호다. "채점해줄까?"("수학 문제 남았어요. 10분 쉬고 할게요.")는 숙제를 다 했는지 확인하는 물음이다. "볶음밥 해먹자!"("그래도 달걀 프라이는 해주실 거죠?")는 반찬이 없다는 뜻이고 "가족회의 하자!"("게임 시간 좀 늘려주세요!")는 함께 결정해야 할 사항이 생겼다는 의미다.

우리만의 신호 체계가 자리 잡으면 부모는 잔소리를 줄여 좋고, 아이들은 상황에 따라 즉각 대응을 할 수 있어 서로에게 '윈윈(win-win)'이다.

갈등을 줄이는 말
가정의 평화를 지키는 '열쇠'

소통의 기본이 되는 말뜻을 정확히 정의하고, 지켜야 할 규칙을 미리 만들어놓으면 불필요한 감정 소모가 확 줄어든다. 숙제나 준비물을 자주 까먹는 아이에겐 긴 잔소리 대신 "알림장"이라고 말해주는 게 낫다. 형제 간 다툼이 벌어질 때도 언성을 높이기보다 "경고"라고 짧게 말하는 게 도움이 된다. 부모는 지적하고 아이는 항변하는 과정에서 감정의 골이 더 깊어질 수 있기 때문이다.

사전에 어떤 상황에서 '경고'란 단어를 사용할지, 경고를 받은 사람은 어떻게 행동해야 하는지 가족회의를 통해 미리 규칙을 정해놓으면 서로 얼굴을 붉히지 않고 상황을 정리할 수 있다. 부모가 자주 할 수밖에 없는 잔소리를 듣기 좋은 말로 바꾸는 작업도 도움이 된다. 단어 선택권을 아이에게 주면 아이는 주도적으로 다양한 어휘를 살피며 단어 뜻을 탐색한다.

규칙을 정해도 써놓지 않으면 잊어버리기 쉽다. 우리만의 언어 규칙을 아이와 함께 글로 적어 눈에 띄는 곳에 붙여놓으면 문제가 생겼을 때 신속하고 평화롭게 문제를 해결할 수 있다. 토의를 통해 지속적으로 새로운 단어를 추가해나가면 자연스레 대화가 많아지고 서로에 대한 이해도도 높아진다.

One Point Lesson!

온 가족이 함께 그림책 『아빠한테 물어보렴』을 읽고 비슷한 경우가 있는지 생각해 보자. '넌 몰라도 돼=설명하기 어려워'처럼 특정 표현을 다른 의미로 사용하는 경우가 있다면 함께 문장으로 정리해 '우리 가족 단어사전'에 기록해두자. 소통은 늘리고 갈등은 줄이는 신박한 우리말 사전이 탄생할 것이다.
아이와 부모가 각각 '이상한 엄마 말 사전', '거꾸로 ○○(자녀 이름) 말 사전'을 만들고 서로 바꿔봐도 재미있다. 문장 속 숨은 뜻을 파악하면 말로 표현하지 못했던 감정을 깊이 헤아리게 된다. 자주 하면 할수록 가족 간 이해의 폭이 넓어진다.

아이가 쓰는 <'안' 솔직한 엄마 말 사전>

나중에! = 안 돼!

내가 놀이터에 나가자고 하거나 같이 만들기를 하자고 할 때 엄마가 "나중에"라고 말하면 안 하고 싶다는 뜻이다.

엄마가 쓰는 <이상한 아들 말 사전>

자유시간 = 게임 시간

아들이 내 눈치를 살피며 "저 자유시간 좀 가져도 돼요?"라고 물으면 게임을 하고 싶다는 뜻이다.

자꾸만 쓰고 싶은 초대장

어린 시절 두 아이 모두 『으스스한 초대장』(정태화, 아람, 2014)이란 책을 무척 좋아했다. 우연히 '어둠 세계 회원 출입증'을 얻은 주인공이 세계 각국을 대표하는 귀신을 만나는 내용이다. 아이들은 책을 읽을 때마다 귀신만 들어갈 수 있는 신비한 세계에 초대받은 것처럼 눈을 반짝이곤 했다.

초대장은 이름만 들어도 설레는 특별한 단어다. 좋아하는 사람들과 유쾌한 시간을 보낼 수 있는 '보증수표'와 같기 때문이다. 친구를 생일 파티에 초대하기 위해 정성 들여 초대장을 쓰는 아이의 모습을 보라. 몇 문장을 줄줄이 쓰고도 전혀 힘든 기색을 찾아볼 수 없다. 쓰기가 이토록 즐거울 수 있다니. 아이들에게 초대장은 써도 써도 질리지 않는 유일한 글일지도 모른다. "우리 집에 놀러와!" 이 짜릿한 문장 속엔 쓰고 싶은 욕구를 불러일으키는 거대한 동력이 숨어 있다.

누구든, 언제든
내 마음대로 쓰는 '상상 초대장'

아이들은 주로 친구에게 초대장을 쓴다. 격식을 차릴 필요도, 주의해야 할 사항도 없다. 그저 하고 싶은 말을 꾸밈없이 쓰면 된다. 틀리면 안 된다는 부담이 없으니 사고가 더 유연해진다.

먼저 『으스스한 초대장』처럼 '상상 초대장'을 써볼 수 있다. 도깨비, 유령 등 오싹한 이야기를 좋아하는 또래 친구를 대상으로 공포 체험에 초대하는 글을 써보는 것. 체험 장소, 날짜, 특별 이벤트 등 구체적인 내용은 자유롭게 상상해 쓰면 된다.

파티 플래너로 변신해 이색적인 파티를 기획하는 것도 재미있다. 동물을 좋아하는 친구라면 실내 동물원에서 동물들과 어울려 노는 특별한 시간을, 캠핑을 좋아하는 친구라면 숲속 캠핑장에서 진행하는 보물찾기나 요리 대회를 계획해볼 수 있다. 친구들과 어떤 음식을 먹을지, 어떤 놀이를 할지 상상하는 것만으로도 아이들은 즐거운 비명을 지른다.

'멍때리기 대회'처럼 기상천외한 대회에 참가자를 모집하는 글을 쓸 수도 있다. 북극에서 진행하는 '추위 오래 참기 대회', '뒤로 달리는 100m 경주' 등 상상력을 자극하는 글감을 던져주면 아이들 손에서 유일무이한 글이 샘솟는다. 미국 로즈웰 '외계인 축제', 스페인 '토마토 축제'를 다룬 기사를 참고해 축제 참가자를 위한 초대장을 쓰면 더욱 그럴싸한 글이 완성된다.

책으로의 초대
추천하는 글쓰기

어른보다 더 바쁜 요즘 아이들은 친구에게 초대장을 쓸 기회가 그리 많지 않다. 책 속 등장인물에게 초대장을 쓴다면? 언제든 마음껏 초대장을 쓸 수 있다. 밤새도록 함께 놀고 싶은 주인공을 크리스마스 파티에 초대해도 좋고, 도와주고 싶은 등장인물을 저녁 식사 자리에 부를 수도 있다.

매력적인 고양이, 깜냥에게

길고양이 깜냥아!

만약 네가 잘 곳이 없다면 우리 집에 와도 돼.

우리 집에 오면 맛있는 음식도 먹고 나랑 만들기 하자!
내가 인형 옷 만들기를 좋아하니까 너한테 딱 맞는 옷을 만들어 줄게.
그리고 내가 좋아하는 게임도 소개해 줄게.
네가 진짜 우리 집에 온다면 얼마나 기쁠까?
너라면 언제든 환영이야!

_『고양이 해결사 깜냥1』(홍민정, 창비, 2020)을 읽고 3학년, 둘째

초대장으로 쓰기 연습을 충분히 했다면 친구들에게 책을 추천하는 글도 써보자. 일명 '책으로의 초대'다. 책 제목, 줄거리 등 기본적인 내용과 함께 왜 이 책을 읽어야 하는지 내 생각을 덧붙이면 그 자체로 한 편의 독서록이 완성된다. 평소 독서록 쓰기를 버거워하는 아이라면 초대장 형식을 빌어 추천하는 글을 써보자.

두근두근 용나라 여행

친구들아 안녕?
오늘 나는 너희들에게 재미있는 책을 추천해 줄 거야.
4학년 국어책에 나오는 『두근두근 탐험대』야. 너희들도 수업에서 봤을 거야.
이 책은 동동이, 소희, 수우, 철이와 깍두기가 배를 타고 놀다 우연히 용나라

에 들어가 여의주를 찾는 이야기야. 용나라는 거대한 바위산처럼 생겼는데 신비한 안개에 싸여 있어. 애들이 처음 용을 만나는 장면과 마지막에 여의주를 되찾는 장면이 정말 실감 나.

내가 이 책을 추천하는 이유는 아주 재미있는 내용을 가진 모험담이어서야. 그리고 만화 형식으로 되어 있고 스토리가 빠르게 진행돼서 책이 두꺼워도 빨리 읽을 수 있어. 너희들도 이 책을 읽고 재미와 감동, 흥미를 느꼈으면 좋겠어.

그럼 안녕!

_『두근두근 탐험대』(김홍모, 보리, 2008)를 읽고, 4학년 첫째

One Point Lesson!

1. 약속 카드 쓰기

오랜만에 만난 친구와 신나게 놀다 헤어질 때, 아이들은 세상을 잃은 듯 망연자실한 표정을 짓는다. 아쉬움에 어깨가 처진 아이를 보면 부모 마음도 짠해진다. 이때, 아이의 헛헛한 마음을 달래줄 비책이 있다. 바로 친구와 함께 '약속 카드'를 만드는 것.

다음에 언제, 어디서 만나 무엇을 하면서 놀지 미리 계획을 세워 쓰도록 하면 아이들은 언제 아쉬워했냐는 듯 즐겁게 카드를 만든다. 시간대별 놀이 계획, 식사 메뉴는 물론 준비물로 잠자리 침낭까지 적는 용의주도함을 보이기도 한다. 아이의 카드를 받은 부모가 진짜 약속을 지킨다면, 아이의 글쓰기는 계속될 것이다. 쭈욱.

2. 초대장 쓰기

우리 집에 초대하고 싶은 친구에게 또는 상상 속 친구에게 초대장을 써보자. 내용과 형식에 제약이 없는 초대장 쓰기는 언제 써도 즐겁고 신난다.

초대장

“

”

* 날짜 :
* 장소 :
* 준비물 :
* 받는 사람 :

생존 쓰기 Level UP ↑

초등 글쓰기 십계명

백지만 봐도 말로 형언할 수 없는 부담감이 느껴진다면, 한 자도 쓰지 못하고 손톱만 물어뜯고 있다면 '글쓰기 십계명'을 떠올려보자. 부모, 아이 모두가 활용해봄 직한 실천 요령을 소개한다.

글쓰기를 위한 10가지 실천 요령
1. 글쓰기 '의식'을 만들라. 2. 구체적인 목표를 정하라. 3. 의미전달이 먼저다. 4. 머리부터 써라. 5. 엉덩이 힘을 키워라. 6. 잘 아는 것에 대해 써라. 7. 나만의 '스토리'를 담아라. 8. 글씨는 글의 첫인상이다. 9. 비교는 금물이다. 10. '꾸준히'가 답이다.

1. 글쓰기 '의식'을 만들라

무라카미 하루키는 새벽 4시에 일어나 글을 쓴 뒤 오후엔 달리기나 수영을 한다고 한다. 찰스 디킨스는 칼같이 정돈된 자기 서재에서 시간을 정해두고 글을 썼다. 이처럼 위대한 작가들은 종교적 의식처럼 글쓰기 전 특정한 행동을 반복했다. 몸과 마음을 '글쓰기 모드'로 전환하는 일종의 '스위치'를 만들어놓은 것이다.

뭉툭해진 연필을 깎으며 또는 달콤한 초코우유 한 잔을 마시며 몸과 마음을 글에 집중할 수 있는 상태로 전환해보자. 소소한 의식을 반복하다 보면 글에 대한 몰입이 훨씬 더 수월하게 이뤄진다.

2. 구체적인 목표를 정하라

목표 없는 연습은 망망대해를 정처 없이 떠도는 배와 같다. 쓰기 실력을 효과적으로 끌어올리고 싶다면 성취 가능한 범위 내에서 현실적인 목표를 세워야 한다.

글쓰기를 싫어하는 아이에겐 '명언 베껴 쓰기'처럼 부담 없는 목표를 제시해야 한다. 글쓰기에 차차 익숙해지면 '한 문단 쓰기', '반 페이지 채우기'처럼 점진적으로 목표를 높여나간다. 글쓰기 목표를 정할 때 아이의 의견을 적극 반영하면 중도에 포기하는 일이 없다.

3. 의미전달이 먼저다

글을 쓸 땐 무엇보다 의미전달에 중점을 둬야 한다. 문장 연결이 매끄럽지 않더라도 전달하려는 바가 잘 드러난다면 중요한 임무를 무사히 마친 셈이다. 글은 말처럼 소통의 도구다. 횡설수설하지 않는 것만으로도 다행으로 여겨야 한다. 맞춤법이나 띄어쓰기, 문장 호응을 바로잡는 일은 그다음이다.

4. 머리부터 써라

글을 쓸 땐 '손'으로 쓰기에 앞서 '머리'로 생각하는 시간을 충분히 가져야 한다. 오늘은 어떤 갈래의 글을 쓸지, 무엇에 대해 쓸지, 첫 문장은 어떻게 시작할지 머릿속으로 먼저 설계한 다음 연필을 집어 들어야 한다. 5분 안팎이면 충분하다.

5. 엉덩이 힘을 키워라

책상 앞에 끈기 있게 앉아 있는 사람이 공부도 잘한다. 글쓰기도 공부처럼 '엉덩이 힘'이 절대적으로 필요하다. 주장하는 글 같은 고난이도 글쓰기엔 꽤 많은 시간이 소요되기 때문이다. 글의 난이도를 차차 높여가며 앉아 있는 시간도 서서히 늘려보자. 정해진 시간 동안 한 자리에 앉아 글쓰기에 집중하다 보면 엉덩이 힘도, 글 실력도 자연스레 향상된다.

6. 잘 아는 것에 대해 써라

독서는 양보다 질이 중요하다. 글쓰기도 마찬가지다. 짧은 글이라도 자기 생각이 짜임새 있게 들어가 있다면 좋은 글이라 평할 수 있다. 글자 수만 따져 글을 평가하지 말자. 알맹이 없이 긴 글보다 짧아도 논리적인 글이 훨씬 낫다.

강력한 한 방이 담긴 글을 쓰려면 평소 자기가 잘 아는 주제에 대해 써야 한다. 잘 모르는 주제로 글을 쓰면 수박 겉핥기식으로 끝나거나, 자료 수집만 하다 지쳐 포기하게 된다. 학교 과제처럼 익숙지 않은 주제에 대해 글을 써야 하는 상황이라면 관련 내용을 완전히 이해한 다음 글쓰기를 시작하는 게 바람직하다.

7. 나만의 '스토리'를 담아라

매년 입시철이 되면 수능 만점자들의 인터뷰 기사가 대문짝만 하게 실린다. '수능 만점' 자체가 대형 이슈이기도 하지만 점수보단 '인물'에 더 큰 뉴스 가치가 있다. 불우한 가정환경을 딛고, 난치병을 극복하고 만점을 이뤄낸 학생들의 사연은 전 국민의 이목을 집중시킨다.

눈길을 사로잡는 글엔 글쓴이만의 진정성 있는 이야기가 담겨 있다. 친구 따라 불닭볶음면을 먹고 펑펑 울었던 일, 텃밭에서 내 팔뚝보다 더 큰 고구마를 캤던 일 등 살아 있는 '경험담'이 진짜 읽고 싶은 글을 만든다.

8. 글씨는 글의 첫인상이다

글씨는 글의 '첫인상'을 좌우한다. 글씨 때문에 열심히 쓴 글이 '읽기 싫은 글'로 평가절하될 수 있다. 반드시 모든 글을 궁서체로 쓸 필요는 없다. 하지만 누가 봐도 알아볼 수 있을 정도로 정갈히 쓰는 연습은 필요하다.

9. 비교는 금물이다

사람마다 개인차가 있다. 각기 다른 속도로 키가 자라는 것처럼, 글 실력도 마찬가지다. 앞집, 뒷집 친구와 비교할 필요가 없다. "누구는 벌써 논술을 쓴다더라"는 '카더라 통신'엔 귀를 닫아야 한다. 실력은 실천에서 나온다. 남과 비교할 시간에 연필 잡고 한 문장이라도 더 써보자.

10. '꾸준히'가 답이다

꾸준히 연습하다 보면 글쓰기도 결국엔 잘하게 된다. 처음부터 '실력'에 중점을 두기보단 열심히 노력하는 '자세'에 집중하자. 매일 한 줄씩, 최선을 다해 쓰다 보면 오래지 않아 한 문단, 한 페이지도 너끈히 쓸 수 있게 된다. 때때로 자기가 쓴 글을 다시 읽어보며 노력의 결과를 눈으로 확인하자. 글 한 편, 한 편이 모두 작은 성공이다. '해냈다'는 성취감, '잘하고 있다'는 자신감이 쌓이면 글쓰기뿐 아니라 삶을 대하는 태도도 달라진다.

Chapter 4.

초등 생존 쓰기 3단계
: 짧은 글 한 편이 뚝딱!

쓰고 또 쓰면 습관이 된다

우리 집 최고의 단어 수집가

그림책 『단어 수집가』(피터 레이놀즈, 문학동네, 2018)엔 우표나 동전을 모으는 사람들처럼 단어를 모으는 아이, 제롬이 등장한다. 친구의 이야기를 듣다가 혹은 길을 걷다가 마음을 움직이는 단어를 만나면 잊지 않고 작은 종이에 기록해놓는다. 이렇게 모인 단어를 하나씩 노트에 붙이며 정성스레 단어를 수집하는 제롬. 낱말 노트가 제 키보다 높아졌을 때, 제롬에게 놀라운 일이 벌어진다. '변화무쌍한 단어의 힘'을 자유자재로 부리는, 언어의 마술사가 된 것이다! 작가는 친근한 말투로 어린 독자들에게 단어 수집을 권한다. 너만의 단어에 손을 뻗어보라고, 네가 누구인지 세상에 말해보라고. 그러면 세상은 더 멋진 곳이 된다고.

취미는 단어 수집
특기는 단어 뜻 유추

아이들은 매년 3천~4천 개의 어휘를 배운다. 그러나 수많은 낱말이 아이들의 눈과 귀를 스쳐 갈 뿐 머릿속에 오래 머물지 못한다. 각기 다른 뜻의 단어를 완전히 내 것으로 만들려면 제롬처럼 공들여 '수집'하는 노력이 필요하다.

뜻을 몰랐던 낱말, 발음이 재미있는 낱말, 멋지고 똑똑해 보이는 낱말 등 각기 다른 특징에 따라 단어를 분류하고 의미를 기억해보자. 동물에 관심이 많은 아이라면 '멸종 위기종' 이름을, 역사에 푹 빠진 아이라면 시대별 전쟁 기록을 카드처럼 만들어 모을 수도 있다.

새로운 어휘는 발견할 때마다 포스트잇에 써서 벽에 붙여보자. 아이가 처음 한글을 배울 때 자음, 모음 포스터를 붙여두고 자주 읽어줬던 것처럼, 날마다 낯선 어휘와 만나는 아이에게도 같은 노력을 기울여줘야 한다. 엄마 아빠가 적극적으로 모범을 보이면 아이들도 잘 따라 한다. 한쪽 벽면 전체를 수집한 단어를 붙여두는 공간으로 활용하면 집 안을 오가며 수시로 볼 수 있어 효과적이다.

새로 접한 단어를 한데 모아 정리하는 시간도 필요하다. 일정 정도 간격을 두고 반복해서 단어 뜻을 확인하면 잊어버리지 않는다. 시력 테스트 하듯 한쪽 눈을 숟가락으로 가리고 멀찌감치 떨어져 포스트잇에 적힌 단어와 뜻을 알아맞히게 하면 재미있게 어휘력을 향상시킬 수 있다.

최신 시사 용어나 고사성어처럼 아이들에게 어려운 어휘도 틈틈이 적어두고 뜻풀이를 해주자. 이야기하듯 단어의 의미와 유래를 설명해주면 아이들은 수준 높은 어휘도 어렵지 않게 받아들인다.

한자어는 뜻만 뭉뚱그려 알려주기보다 낱말을 구성하는 한자의 뜻 하나하나를 정확히 알려주는 게 좋다. 한자 뜻을 알고 나면 단어의 의미가 더 쉽게 파악되기 때문이다. 같은 한자가 쓰인 단어들을 모아 공부하면 단어 뜻을 유추해내는 실력도 자연스레 향상된다. '출발(出·날 출, 發·쏠 발)'의 '출'자를 익힌 아이는 '출국', '출자' 등의 뜻도 쉽게 추리해낼 수 있다.

모아둔 단어를 무작위로 뽑아 문장을 써보는 활동도 도움이 된다. 전혀 어울릴 것 같지 않은 낱말들을 모아 문장을 쓰면 독특하고 흥미로운 글이 완성된다. 글을 쓸 때 약간의 제한을 두면 아이들의 사고 과정에 긍정적인 자극을 줄 수 있다.

유의어로 글맛 살리고 반의어로 어휘력 확장

어휘력을 보다 효율적으로 향상시키고 싶다면 유의어, 반의어를 함께 익히는 게 좋다. 유의어는 글을 쓸 때 특히 유용하다. 같은 단어를 반복 사용할 때보다 유의어를 적절히 혼합했을 때 가독성이 더 높아지기 때문이다.

유의어를 활용해 글 다듬기 예시

친구와 만나 학교에 가기로 했는데 동생이 꾸물거려 시간이 오래 걸렸다. 가는 길에 동생이 교과서를 안 가져왔다고 해서 다시 집에 갔다 오는 바람에 시간이 더 오래 걸렸다. 큰길에 있는 횡단보도에서 빨간불이 켜져 또 시간이 걸렸다. 약속한 시간보다 10분이나 더 걸려 도착했다. 기다린 친구에게 너무 미안했다.

→ 친구와 만나 학교에 가기로 했는데 동생이 꾸물거려 시간이 많이 걸렸다. 가는 길에 동생이 교과서를 안 가져왔다고 해서 다시 집에 갔다 오는 바람에 시간이 더 지체됐다. 큰길에 있는 횡단보도에서 신호에 걸려 또 몇 분을 허비했다. 약속했던 시간보다 10분이나 늦게 도착했다. 기다린 친구에게 너무 미안했다.

유의어를 잘 활용하면 밋밋했던 글에 생기가 돌며 읽는 재미가 살아난다. 아이 글이 단조롭게 느껴진다면 반복 사용된 단어를 찾아 다른 표현으로 바꾸도록 유도해보자. 이렇게 퇴고하는 습관을 들이면 점차 글의 수준이 높아진다.

아이의 평생 어휘력
'배우려는 태도'가 결정한다

어휘를 배울 땐 국어사전이 필수다. 3학년 1학기 국어 교과서에서 사전 활용법을 배우므로 만약 집에 사전이 없다면 미리 구입해두자. 시중엔 초등학생용 사전이 별도로 나와 있다. 일반 국어사전과 장단점을 비교해 필요한 쪽을 구입하도록 한다. 낱말을 찾을 땐 첫 자음자, 모음자, 받침 순서로 찾는다. 모르는 단어를 놓고 부모와 아이가 누가 빨리 찾는지 내기를 하면 놀이처럼 재미있게 요령을 익힐 수 있다.

낯선 어휘를 발견할 때마다 아이가 자발적으로 국어사전을 펼쳐보면 참 좋겠지만, 현실은 그렇지 않다. 대부분의 아이가 사전을 찾기는커녕, 질문도 하지 않은 채 그냥 지나치기 일쑤다. 그렇다고 모르는 단어가 나올 때마다 일일이 사전을 찾게 하면 나중엔 몰라도 고개를 끄덕이며 '아는 척' 연기를 하기 시작한다. 이런 악순환을 미연에 방지하려면 부모가 즉각적이고 친절한 국어사전이 되어줘야 한다.

모르는 단어를 발견하면 엄마 아빠에게 꼭 물어보라고 먼저 얘기해주자. 그리고 아이가 질문을 할 때마다 친절하게, 아이 눈높이에 맞춰 설명해주자. 질문하는 태도를 듬뿍 칭찬하면 아이는 끊임없이 질문하며 새로운 어휘를 발굴해나간다. 낯선 어휘도 그냥 넘기지 않고 정확히 알려고 하는 태도, 그 태도가 아이의 평생 어휘력을 결정한다.

이상할수록 더 재미있는 글쓰기

아이들은 엉뚱하고 허무맹랑한 이야기를 좋아한다. '재미'가 가장 중요한 가치이기 때문이다. 규칙과 틀을 깨는 글쓰기를 통해 아이들에게 자유로운 글쓰기를 선물하자.

[준비물]
메모지, 다 쓴 티슈 곽, 글쓰기 공책, 연필, 지우개

[방법]
① 온 가족이 함께 식탁에 둘러 앉는다. (아이 친구들과 함께 하면 더 좋다.)
② 자기가 알고 있는 단어 중 가장 고급스러운 단어, 가장 우스꽝스러운 단어를 하나씩 메모지에 쓴다. (활동에 참여하는 인원이 적다면 두 개 이상 쓰도록 한다.)
③ 단어가 보이지 않게 잘 접어 티슈 곽 안에 넣는다.
④ 각자 돌아가며 메모지를 두 장씩 뽑는다.
⑤ 뽑은 단어가 모두 들어가게 이야기를 꾸며 쓴다.
⑥ 가장 이상하고 황당한 이야기를 만든 사람을 그날의 '장원'으로 뽑는다.

언어유희의 참맛, 동시의 재발견

"깍둑깍둑 깍두기, 새콤달콤 백김치, 길쭉길쭉 총각김치, 돌돌 말아 파김치!"

아이들이 어렸을 때부터 자주 노래를 지어 불렀다. 김치박물관에서 직접 김치를 담가 온 날엔 '김치송'을, 영어 품사를 배운 날엔 '8품사송'을 즉석에서 지어 어깨를 들썩거리며 함께 불렀다.

『나 진짜 귀신을 봤어!』(이승민, 풀빛, 2020)엔 작가가 직접 가사를 쓴 '오이송'이 실려 있다(책 속 QR코드를 찍으면 뮤직비디오를 볼 수 있다). "아삭아삭 오독오독한 오이가 있어 세상 살맛 난다"는 작가의 노랫말은 단순하지만 묘한 매력이 흘러넘친다. 중독성 있는 멜로디에 아이들은 한동안

'오이송'에 빠져 살았다.

이제 초등 고학년이 된 두 아이는 제멋대로 가사를 바꿔 부르는 데 선수가 됐다. 동요, 가요, 심지어 광고 음악에까지 우스꽝스러운 가사를 붙여 부르며 깔깔댄다. 재미의 핵심은 의성어와 의태어. 통통 튀고 생동감 넘치는 의성어, 의태어는 글맛을 살려주는 천연 조미료다.

쓰기 부담 없는 동시 짓기
언어유희의 참맛을 즐기자

동시 쓰기는 어렵지 않다. 글감을 면밀하게 관찰하고 머릿속에 떠오르는 이미지를 글자로 바꾸면 멋들어진 동시 한 편이 뚝딱 완성된다. 오감(五感)을 이용해 대상을 그림 그리듯 꼼꼼히 묘사하면 평범한 글감도 독창적인 동시로 탈바꿈한다.

대상이나 상황을 있는 그대로 묘사할 수도 있지만 특정 대상을 다른 것에 빗대어 설명할 수도 있다. 새로 산 줄무늬 티셔츠에 대해 동시를 쓴다면 '까맣고 하얀 줄무늬'라 풀어쓸 수도, '얼룩말 같은 내 티셔츠'라 표현할 수도 있다. 이런 비유적 표현을 잘 살리면 문학적 향기가 물씬 풍기는 작품이 된다.

사실 아이들은 가르쳐주지 않아도 비유법을 자유자재로 구사한다. 어떤 날엔 숙제가 제 발로 도망가고, 교과서가 어디 숨었는지 안 나오는 날도 있다(의인법). 가장 친한 친구는 '호떡 속 꿀'이고, 엄마는 자주 '잔소리 마녀'로 둔갑한다(은유법). 형제자매와는 늘 '총성 없는 전쟁(역설법)' 중이며 서로를 향해 '생화학 무기 같은 고구마 방귀(직유법)'를 거침없이 발사한다. 아이들은 대화 도중 무의식적으로 '시적 표현'을 쏟아낸다. 이런 재미있는 말들은 그 자체로 한 편의 동시가 된다.

제목 : 은행나무

알록달록한 계절에
툭툭 떨어지는
냄새 폭탄

아무리 신경 써도
안 밟을 수 없는
냄새 폭탄

구리구리 방구 냄새
피할 수 없는
냄새 폭탄

_3학년, 둘째

의성어나 의태어가 읽는 재미를 돋운다면 동형어(모양은 같지만 뜻이 다른 낱말)나 다의어(여러 개의 다른 의미를 가진 낱말)는 운율을 형성해 읽는 맛을 살린다. 예를 들면 '배(탈 것)에서 배수를 공부하다 배(신체)가 너무 고파 배(열매)를 깎아 먹었다'거나 '새해 아침 나이도 먹고 떡국도 먹었다'처럼 문장에 활력을 주는 요소로 활용할 수 있다. 이렇게 발음이 같은 단어를 연달아 배치하면 경쾌한 리듬감이 살아나 읽고 싶은 글이 된다.

스트레스 쌓인 날, 글쓰기 싫은 날
짧고 자유로운 동시가 정답

문학의 중요한 기능 중 하나는 감정 순화다. 동시도 마찬가지다. 평소 엄마 아빠에게 하고 싶었던 말, 학교생활에서 쌓인 스트레스를 동시로 표현하게 하면 아이들은 마음속에 품었던 불만과 설움을 여과 없이 토해낸다.

동시는 강렬한 비트에 맞춰 읊듯이 노래하는 랩(rap)과 닮았다. 동시를 랩 하듯 리드미컬하게 읽어 내리면 불편한 감정을 후련하게 날려버릴 수 있다. 프리스타일 시조로 세기의 대결을 펼친 정몽주와 이방원처럼, 아이의 동시 랩에 부모가 답가를 불러주면 서로의 의견 차이를 좀 더 유연하게 좁힐 수 있다.

동시는 길지 않아도 된다. 논리적일 필요도 없다. 길가에 굴러다니는 개똥도 동시 소재가 될 수 있다. 아이가 글쓰기를 두려워한다면 장문의 글 대신 동시 쓰기를 권해보자. 유독 글쓰기가 싫은 날에도 동시는 좋은 대안이 될 수 있다.

One Point Lesson!

글은 구체적일수록 좋다. 제시된 상황이 머릿속에 그려질 정도로 생생해야 독자의 눈길을 사로잡을 수 있기 때문이다. 그림 그리듯 생동감 있는 글을 쓰려면 꾸며주는 표현을 적재적소에 잘 활용해야 한다.

'생생한 글'을 쓰는 데 도움이 되는 표현을 정리해두고 글을 쓸 때 참고해보자. 일상에서 좋은 표현을 발견할 때마다 하나씩 추가해나가면 탁월한 문장에 이르는 나만의 보물 지도가 완성된다.

소리를 묘사할 때

바삭바삭 아삭아삭 사각사각 서걱서걱 싹둑싹둑 덜컥덜컥 덜컹덜컹 쩌렁쩌렁 짤랑짤랑 치익치익 따릉따릉 부릉부릉 딸랑딸랑 소곤소곤 쌔근쌔근 보글보글 뽀글뽀글 부글부글 주룩주룩 콜록콜록 딸꾹딸꾹 찰칵찰칵 째깍째깍 쑥떡쑥떡 오도독오도독 와그작와그작 스르륵스르륵 후비적후비적 철커덕 쨍그랑 으르렁 찰찰 쫄쫄 깔깔 낄낄 빵빵 똑똑 꽥꽥 깍깍 왱왱 (온갖 동물 소리)

동작을 설명할 때

산들산들 살랑살랑 건들건들 껄렁껄렁 비틀비틀 휘청휘청 폴짝폴짝 걱실걱실 우물쭈물 허둥지둥 부랴부랴 들썩들썩 촐랑촐랑 기웃기웃 살금살금 사뿐사뿐 싱글벙글 방실방실 말똥말똥 간질간질 끄덕끄덕 갸웃갸웃 꿈틀꿈틀 깔짝깔짝 아옹다옹 옥신각신 데면데면 팔랑팔랑 옹기종기 뒤뚱뒤뚱 엎치락뒤치락 화들짝

헤벌쭉 졸졸 훨훨

모양이나 느낌을 표현할 때

뾰족뾰족 동글동글 들쑥날쑥 꼬불꼬불 반듯반듯 반짝반짝 번쩍번쩍 반질반질 휘황찬란 꼬질꼬질 까슬까슬 거칠거칠 울퉁불퉁 부들부들 야들야들 미끌미끌 화끈화끈 후끈후끈 울긋불긋 파릇파릇 (색을 나타내는 표현)

실감 나는 표현 따라 하기

이야기책엔 주인공이 처한 상황이나 심리를 묘사하는 비유적 표현들이 대거 포함돼 있다. '구겨진 휴지 같은 얼굴', '따발총처럼 쉬지 않고 떠드는'처럼 실감 나는 표현들이 가득하다. 따라 해보고픈 표현을 발견했다면 잘 기록해 두었다 글을 쓸 때 하나씩 적용해보자. 비슷하게 따라 쓰다 보면 나만의 독창적인 표현을 개발할 수 있게 된다.

바삭한 치킨의 전설

아이들이 좋아하는 이야기 소재들이 있다. 더럽거나(방귀), 무섭거나(귀신), 맛이 있거나(치킨). 유아부터 초등 고학년까지, 예외는 없다. 이 세 가지 카드를 적절히 활용하면 '쓰기'란 강적도 쉽게 무너뜨릴 수 있다.

특히 음식을 글감으로 삼으면 쓸거리가 무궁무진하게 늘어난다. 인도 탄두리 치킨, 터키 케밥처럼 이국적인 음식을 먹어본 경험에 대해 일기를 쓰거나, 우리 동네 최고 맛집을 소개하는 설명문을 쓸 수 있다. 이색적인 음식은 개성 있는 글을 만든다. '입천장에 달라붙던 산낙지의 추억', '똥으로 변신한 초코파이(초코파이를 으깨 짤주머니에 넣어 만든 똥 모양 과자)'처럼 특이한 음식으로 글을 쓰면 흡인력 높은 글이 탄생한다.

글이 술술 풀리는 음식의 힘

그날 먹은 간식으로도 얼마든지 다양한 글을 쓸 수 있다. 빵을 먹은 날엔 빵의 모양, 맛, 특징을 구체적으로 설명하는 글을 쓸 수 있다. '바삭하고 달콤한', '쫄깃하면서도 부드러운'처럼 식감과 맛을 풍부하게 묘사하면 표현력이 점차 좋아진다.

인터넷으로 각 나라를 대표하는 빵에 대해 알아보고 공통점과 차이점을 정리해볼 수도 있다. 음식은 그 나라의 문화를 배울 수 있는 좋은 방법 중 하나. 자료를 찾아 글을 쓰면 새로운 어휘와 상식을 습득하는 데도 도움이 된다.

좋아하는 음식을 직접 만들어본 날엔 글쓰기도 덩달아 즐거워진다. 요리를 할 땐 식재료 준비부터 마무리까지 아이를 전 과정에 참여시키자. 재료를 씻고 다듬고 자르다 보면 미세한 감각들까지 글로 옮길 수 있다. 채소의 단면, 껍질의 질감, 밀가루의 감촉, 버터의 미끌거림 등 재료의 특징을 직접 느껴보면 섬세한 묘사가 돋보이는 글을 쓸 수 있다.

만드는 과정을 사진으로 찍어 글을 쓸 때 참고하면 더 생생하고 구체적인 글이 나온다. 다양한 모양틀이나 쿠키커터 등을 이용해 마음대로 모양을 만들고 꾸미게 하면 창의적인 음식은 물론 창의적인 글이 탄생한다. '무지개빛 사탕', '알록달록 빼빼로'처럼 아이들이 좋아하는 기념일에 맞춰 요리를 하고 글을 쓰면 글쓰기도 놀이처럼 즐거워진다.

내 생애 첫 월남쌈

비가 와서 우울하게 집에 있었다. 비가 그친 줄 알고 놀이터에 나가 그네를 탔는데 또 비가 왔다. 엄마가 심심하니까 음식을 만들어 보자고 했다. 그래서 엄마와 오빠와 함께 월남쌈을 만들었다.
마트에서 장을 보는 것부터 재료 손질까지 모두 나와 오빠가 직접 했다. 양상추, 파프리카(빨간색, 노란색), 오이, 깻잎을 길고 가느다랗게 썰어 넓은 접시에 담았다. 작은 접시에는 파인애플과 소스를 담았다. 새우 데치기와 고기볶음은 엄마가 해 주셨다.
뜨거운 물에 라이스페이퍼를 담가 말랑말랑하게 만든 다음 그 위에 원하는 재료를 넣고 소스를 뿌려 싸 먹었다. 소스에선 시큼한 냄새가 났는데 맛은 매콤하고 달콤했다. 라이스페이퍼가 자꾸 달라붙어 쌈을 싸는 게 쉽지 않았다. 나는 고기보다 새우와 채소를 넣어 먹는 게 더 맛있었다. 라이스페이퍼를 돌돌 말아 먹으니 떡처럼 쫄깃쫄깃했다. 다음엔 라이스페이퍼를 떡처럼 만들어 매콤한 떡볶이를 해먹고 싶다.

_3학년, 둘째

독서와 글쓰기가 즐거워지는 맛있는 독후활동

시중엔 『내 멋대로 슈크림빵』(김지안, 웅진주니어, 2020), 『꽁꽁꽁 피자』(윤정주, 책읽는곰, 2020), 『수박 수영장』(안녕달, 창비, 2015) 등 음식을 소재로 한 책들이 많이 나와 있다. 초밥부터 케이크까지 『우당탕탕 야옹이』(구도 노리코, 책읽는곰, 2018)들의 좌충우돌 요리 모험기를 읽다 보면 입안 가득 군침이 고인다. 이렇게 '맛있는 이야기'를 읽으면 글쓰기도 한결 수월해진다.

치킨, 호떡, 아이스크림, 식혜 등 먹거리를 소재로 한 책들을 도서관에서 몽땅 빌려 읽고 맛 칼럼니스트가 되어 '책 맛'을 평가해보자. 내가 알고 있던 맛과 책 속에 묘사된 맛이 얼마나 일치하는지, 이 책의 작가는 음식 맛을 어떻게 표현했는지 내 생각과 비교해서 써나가면 신선함이 돋보이는 글이 완성된다. 맛집을 소개하듯 '맛있는 책'을 추천하는 글을 써봐도 좋다.

창조적 영감을 불러일으키는 책을 만났다면 독후활동으로 창의적인 글쓰기에 도전해보자. 『팥빙수의 전설』(이지은, 웅진주니어, 2019)은 아이의 상상력을 콕콕 자극하는 그림책이다. 새하얀 얼음 가루에 싱싱한 과일, 달콤한 단팥을 함께 먹게 된 사연이 할머니가 들려주는 전래동화처럼 정겹게 담겨 있다.

책을 읽고 난 뒤엔 좋아하는 음식의 전설을 상상해서 써보자. 샌드위

치의 유래(도박에 빠진 샌드위치 백작이 빵 사이 온갖 재료를 넣어 먹은 데서 시작됐다고 전해짐)처럼 개성 있는 인물, 독특한 상황을 설정하면 그럴싸한 전설이 탄생한다. '바삭한 치킨의 전설', '쫄깃한 탕수육 탄생기' 등 특색 있게 제목을 붙이면 글이 더욱 빛난다.

소시지들의 프라이팬 탈출기를 코믹하게 그린 『소시지 탈출』(미셸 로빈슨, 보림, 2019)도 아이들의 상상력을 자극한다. 주인공 소시지가 되어 나만의 탈출 전략을 세워보거나 '소시지 탈출, 그 후'처럼 후속편을 쓰다 보면 자연스레 창의력이 샘솟는다.

One Point Lesson!

제목부터 구미가 당기는 책이 있다. 읽고 나면 식욕과 창작욕이 동시에 폭발한다. 글쓰기에 흥미를 더할 침샘 자극 도서들, 다양한 맛을 가진 책들을 읽고 나만의 이야기를 창조해보자.

그림책

「바삭바삭 갈매기」(전민걸, 한림출판사, 2014)
「알사탕」(백희나, 책읽는곰, 2017)
「이파라파냐무냐무」(이지은, 사계절, 2020)
「밥 먹자!」(한지선, 낮은산, 2019)
「오오오오오」(밤코, 향출판사, 2019)
「떡국의 마음」(천미진, 발견, 2019)
「이 세상 최고의 딸기」(하야시 기린, 길벗스쿨, 2019)

이야기책

「책 먹는 여우」(프란치스카 비어만, 주니어김영사, 2001)
「라면 먹는 개」(김유, 책읽는곰, 2015)
「만복이네 떡집」 시리즈(김리리, 비룡소, 2010)
「짜장 짬뽕 탕수육」(김영주, 재미마주, 1999)
「치즈 붕붕 과자 전쟁」(노혜영, 주니어김영사, 2019)
「OK슈퍼 과자 질소 도난 사건」(송라음, 창비, 2020)
「찰리와 초콜릿 공장」(로알드 달, 시공주니어, 2019)

빨간 우체통의 추억

인터넷의 발달로 편지를 주고받는 일이 거의 없어졌다. 편지의 자리는 이메일이 꿰찬 지 오래. 그래서일까, 어쩌다 우표 붙은 편지를 받으면 타임머신을 타고 옛날로 돌아간 기분이 든다.

요즘 아이들에겐 편지 받는 일이 놀라운 사건에 가깝다. 우리 아이들 역시 제 앞으로 온 편지를 받고 나면 스스로 날아 들어온 마법 양탄자 보듯 신기하게 바라보곤 했다. 그러다 보낸 이가 자기를 위해 정성 들여 글을 썼다는 데까지 생각이 미치면 감격한 표정을 지으며 감사해했다.

편지글엔 순수하고 애틋한 감정이 담겨있다. 진솔한 마음과 애정이 담긴 글은 읽는 사람의 마음을 행복하게 만든다. 『리디아의 정원』(사라

스튜어트, 시공주니어, 2017)이 독자들에게 커다란 울림을 주는 것도 편지글 특유의 따뜻한 감성이 녹아 있기 때문이다.

편지는 부담없이, 자유롭게 쓸 수 있는 글이다. 자발적으로 즐겁게 쓰기에 진심이 담긴다. 편지 쓸 기회가 생길 때마다 잊지 말고 아이에게 편지지를 꺼내주자. 받는 사람을 생각하며 글을 쓰다 보면 마음을 표현하는 게 그리 어려운 일이 아니란 걸 아이도 깨닫게 될 것이다.

특별한 날, 특별한 사람을 위한 애정 듬뿍 편지 쓰기

우표를 붙여 우체통에 넣지 않았을 뿐, 일상에서 아이들은 꽤 자주 편지를 쓴다. 어버이날 각종 효도 쿠폰과 함께 쓰는 감사 편지부터 할아버지, 할머니 생신 때마다 드리는 축하 카드, 친한 친구에게 수시로 보내는 쪽지까지. 아이들에게 편지는 '글'이라기보다 자기 진심이 담긴 '선물'이다.

편지를 쓸 땐 마음을 솔직하게 표현하기만 하면 된다. 용기를 주는 씩씩한 말, 위로가 되는 다정한 말, 용서를 구하는 사과의 말… 어떤 말이든 자기 생각과 느낌을 담아 문장으로 완결짓기만 하면 된다. 받을 사람을 떠올리며 고운 말들을 모아 글을 쓰면 쓰는 사람의 마음까지 행복해진다.

퇴임하시는 교장 선생님께 드리는 편지

받는 사람 : 사랑하는 교장 선생님께

교장 선생님 그동안 정말 감사했습니다.

더운데 매일 (정문에) 나와 주셔서 감사합니다.

교장 선생님의 하이파이브는 평생 잊지 못할 거예요.

항상 행복하시고 건강하세요.

1학년 7반 ○○○ 올림.

보내는 사람 : ○○○

_1학년, 둘째

책 속 인물에게 띄우는 상상 가득 편지 쓰기

독후활동 중에도 편지 쓰기가 있다. 이야기 속 주인공 또는 마음에 드는 등장인물에게 편지를 쓰는 것. 책을 읽다 궁금했던 점을 물어볼 수도 있고, 주인공의 뚝심 있는 행동이나 배려심 등 본받고 싶은 모습을 칭찬할 수도 있다.

때끔히 충고하고 싶은 인물에게 편지를 쓸 수도 있다. 아이가 조언하는 내용으로 편지를 쓸 땐 '이유'를 충분히 담을 수 있도록 귀띔해주자. 자유롭게 쓰는 글이라도 무조건 대상을 힐난하기만 하면 의미 있는 글이라 보기 어렵기 때문이다.

「마법의 설탕 두 조각」(미하엘 엔데, 소년한길, 2001)을 읽고

주인공 렝켄에게

렝켄!! 안녕? 나는 △△초등학교 3학년 ○○이야.
너의 부모님이 네 말을 안 들어줘서 요정을 찾아가 마법의 설탕 두 조각을 받았지?
부모님이 너에게 "안 돼!!!"라고 말씀하실 때마다 엄마 아빠 키가 절반씩 줄어드는 끔찍한 마법을 걸려고 말이야.
물론! 그러면 안 되지만 나도 가끔은 그러고 싶을 때가 있어.(사실 많아.)
동화 속 어디에 요정이 살고 있는지 알려줄 수 있니?
만약에 나도 너처럼 할 수 있다면 정말 고소할 것 같아.
그럼 난 이만, 안녕!

_3학년, 첫째

메타인지를 키우는 나에게 보내는 편지

아이와 함께 일정한 간격을 두고 '나에게 보내는 편지'를 써보자. 현재의 내가 미래의 나에게 또는 그 반대의 경우로 편지를 쓸 수 있다. 현재와 미래를 오가며 나에게 편지를 쓰면 아이는 자기의 관심사와 꿈에 대해 깊이 있게 생각해볼 기회를 얻는다. 꿈이 점차 명확해지면 미래의 목표를 실현할 수 있는 구체적인 계획도 그려볼 수 있다.

'나에게 편지 쓰기'는 메타인지를 키울 수 있는 좋은 방법 중 하나다. 내가 좋아하는 것, 잘하는 것, 하고 싶은 것들을 떠올리는 것만으로도 아이에겐 큰 공부가 되기 때문이다. 스스로에게 편지 쓰기는 자기 정체성을 탐구하는 값진 경험인 셈이다.

One Point Lesson!

"당신이 잘 있으면 나도 잘 있습니다. 무엇보다 건강에 유의하기 바랍니다."

위대한 문인 키케로가 아내 테렌티아에게 보낸 편지글 중 일부다. 명문장가도 마음을 전할 땐 담백하게 쓴다.
편지 쓰기는 마음이 전부다. 참고할 만한 형식이 있지만 얽매일 필요는 없다. 고마운 친구에게, 미안한 가족에게 전하지 못한 마음이 있다면 늦기 전에 편지를 써보자. 자꾸 쓰다 보면 주변 관계는 물론 쓰기 실력까지 단단하게 다질 수 있을 것이다.

편지글 형식

- 받을 사람
- 첫인사 / 안부 묻기
- 하고 싶은 말 / 편지를 쓰는 이유와 함께 자기 생각과 느낌 자유롭게 표현하기
- 끝인사 / 당부의 말이나 기원을 담아 마무리하기
- 쓴 날짜
- 쓴 사람 / 친구라면 '씀' 또는 '보냄', 어른께 보낼 땐 '올림' 또는 '드림'

그림책 vs 그림책

읽기 부담은 적으면서도 생각할 거리를 던져주는 그림책은 글을 쓸 때 좋은 재료가 된다. 짧은 문장 속에 담긴 인생철학은 아이의 사고력을 키워주고 환상적인 삽화는 번뜩이는 영감을 폭포수처럼 부어준다.

기가 막히게 재미있는 그림책은 손에 꼽을 수 없을 만큼 많다. 눈물 쏙 빼는 감동적인 그림책도 적지 않다. 같은 소재를 활용해 전혀 다른 메시지를 전하는 책들도 있다. 이런 책들을 함께 읽으면 쓸거리는 물론 생각할 거리도 두 배로 늘어난다. 여러 권을 읽고 통합해 글을 쓰면 자연스레 글의 내용과 사고의 깊이가 탁월해진다.

쓰고 싶게 만드는 책
쓸거리가 생기는 책

『슈퍼거북』, 『슈퍼토끼』(유설화, 책읽는곰, 2020)란 그림책이 있다. 제목만 보면 이솝우화 '토끼와 거북이'가 연상되지만 전혀 다른 교훈을 담고 있다. 『슈퍼거북』의 주인공은 얼떨결에 경주에서 토끼를 이기고 영웅이 된 '꾸물이'다. 꾸물이는 주변의 기대에 부응하기 위해 '빠른 삶'을 추구하지만 타고난 본성에서 벗어나며 괴로워한다. 반대로 『슈퍼토끼』의 주인공 '재빨라'는 거북이에게 진 이후 심각한 '달리기 트라우마'에 빠진다. 다시는 달리지 않기 위해 애쓰는 재빨라의 모습에선 실패에 대한 두려움이 엿보인다.

두 책 모두 진한 여운을 남기는 현대판 이솝우화다. 두 권을 함께 읽으면 작가의 의도가 보다 또렷하게 전달된다. 하나의 사건을 전혀 다른 관점에서 바라보는 '안목'도 생긴다. 두 이야기를 결합하면 단순한 감상평 이상의 글을 쓸 수 있다.

두 주인공이 처한 상황과 각자 문제를 해결한 방식을 찾아 쓰면 분석력이 돋보이는 글을 쓸 수 있다. 쓰기 전 △주인공의 특징이 무엇인지 △현재 어떤 문제가 있는지 △그 문제를 어떻게 극복했는지 간단히 메모한 다음 글쓰기에 돌입하면 글의 완성도가 더 높아진다. 이야기 속 주인공이 되어 상대에게 편지를 써보는 활동도 재미있다. 친구, 가족과 함께 역할을 나눠 편지를 주고받으면 쓰는 재미가 배가 된다.

그림책의 주제에 대해 글을 써볼 수도 있다. '실패'를 주제로 삼는다면 △토끼와 거북이는 어떤 실패를 경험했는지 △각각 실패 경험을 어떻게 극복했는지 △내 인생 최악의 실패는 무엇이었는지 △당시 실패를 어떻게 받아들였으며 △앞으로 실패하는 일이 생긴다면 어떻게 대처할 것인지 순차적으로 연결해 쓸 수 있다. 이런 식으로 책과 자기 경험을 결부지어 의견을 피력하면 통찰력이 돋보이는 글이 나온다.

보낸 사람 : 재빨라

안녕? 꾸물아. 나 재빨라야.

옛날에 널 느림보라고 놀려서 미안해.

그때는 내가 너무 자만해서 네가 상처받을 만한 말을 했어.

하지만 네가 이번 경기에서 이긴 덕분에 난 절대 자만하지 않고 남을 비웃지 않는 토끼가 되었어. 그래서 너에게 너무 고마워.

그럼 안녕. 건강해!

받는 사람 : 꾸물이

보낸 사람 : 꾸물이

편지 보내줘서 고마워.

나도 동물 친구들에게 내가 빨리 달린 것이 아니라 네가 잠깐 존 것 때문이라고 말하지 않아서 미안해. 그때는 내가 영웅 대접을 받느라 너의 기분을 알지 못했어.

다행히 네가 다시 도전장을 내줘서 내가 느린 일상생활을 되찾을 수 있었어. 나도 다시는 영웅 대접을 받기 위해 애쓰는 거북이가 되지 않을게.

안녕.

받는 사람 : 재빨라

_4학년, 첫째

『슈퍼거북』과 『슈퍼토끼』처럼 관점을 바꿔 생각해볼 수 있는 그림책들이 적지 않다. 우주탐험을 소재로 한 『로켓을 타고 우주로』(정창훈, 웅진주니어, 2007)와 『라이카는 말했다』(이민희, 느림보, 2007)를 함께 읽으면 동전의 양면과 같은 '문명의 발전과 인간의 이기심'을 주제로 한 편의 글을 쓸 수 있다. 『심청전』과 『심청이 무슨 효녀야?』(이경혜, 바람의아이들, 2008)를 읽은 뒤엔 '진정한 효의 의미'에 대해 자기 생각을 써볼 수 있다.

함께 읽으면 특별한 효과가 나타나는 이야기들도 있다. 편식이 심한 아이에겐 『멸치 챔피언』(이경국, 고래뱃속, 2018)과 『할아버지는 편식쟁이』(강경수, 스콜라, 2014)를, 다툼이 끊이지 않는 남매에겐 『터널』(앤서니 브라운, 논장, 2018)과 『심술쟁이 내 동생 싸게 팔아요』(다니엘르 시마르, 어린이작가정신, 2017)를 연달아 읽게 하자. 읽고 난 소감이나 앞으로의 다짐을 글로 옮기고 나면 아이들의 생각과 태도에 변화가 찾아올 것이다.

One Point Lesson!

읽고 나면 쓰고 싶은 말이 샘 솟는 작품들을 소개한다. 글의 주제로 삼으면 좋을 '힌트'를 함께 넣었다. 매일 한 편씩 읽고 쓰다 보면 자연스레 아이도 느끼게 될 것이다. '독서는 즐겁고 쓰기는 꽤 해볼 만하다'는 사실을.

재미로 흥이 UP! 요절복통 그림책

패러디 작품을 써볼까? 「이유가 있어요」(요시타케 신스케, 주니어김영사, 2020)
사이다 같은 카타르시스 한 방! 「눈물바다」(서현, 사계절, 2009)
창의적인 변명의 기술 「왜 숙제를 못했냐면요」(다비드 칼리, 토토북, 2014)
책의 쓸모를 찾아라! 「아름다운 책」(클로드 부종, 비룡소, 2002)
기막힌 반전 매력 「안 돼요, 안 돼!」(모 윌렘스, 살림어린이, 2014)
생각하지 않으면 일어나는 충격적인 사건 「똑똑해지는 약」(마크 서머셋, 북극곰, 2013)
남의 것을 탐낸 자의 최후 「이건 내 모자가 아니야」(존 클라센, 시공주니어, 2013)
나도 만들어 볼까? 「엉뚱한 샴푸」(미야니시 타츠야, 달리, 2017)
내가 겪은 '머피의 법칙' 「다 붙어 버렸어!」(올리버 제퍼스, 주니어김영사, 2012)
좋아하는 것 vs 싫어하는 것 「호랑이가 책을 읽어준다면」(존 버닝햄, 미디어창비, 2018)

생각하는 힘이 쑥! 의미 있는 그림책

실수를 통한 성장 「아름다운 실수」(코리나 루켄, 나는별, 2018)
산다는 건 「백만 번 산 고양이」(사노 요코, 비룡소, 2002)
모험과 도전 「힐다」 시리즈(루크 피어슨, 찰리북)
'나다움'에 대하여 「엄청나게 큰 병아리」(키스 그레이브스, 푸른숲주니어, 2011)
감정을 다스리는 법 「슬픔이 찾아와도 괜찮아」(에바 엘란트, 현암주니어, 2019)
함께 하는 즐거움 「곰이 강을 따라 갔을 때」(리처드 T. 모리스, 소원나무, 2020)
용기여, 솟아라! 「이까짓 거!」(박현주, 이야기꽃, 2019)
주변을 돌아보는 시간 「내가 라면을 먹을 때」(하세가와 요시후미, 고래이야기, 2019)
소신 있게! 당당하게! 「나는 반대합니다」(데비 레비, 함께자람, 2017)
사랑하는 우리 가족 「딸은 좋다」(채인선, 한울림어린이, 2006)

논리적인 글쓰기! 고학년을 위한 책

입장 바꿔 생각해 봐! 「사춘기 대 갱년기」(제성은, 개암나무, 2020)
끔찍한 재난에 처했다면? 「블랙아웃」(박효미, 한겨레아이들, 2014)
게임 속 나, 가상일까? 현실일까? 「마지막 레벨 업」(윤영주, 창비, 2021)
가짜 뉴스는 왜 위험한가? 「가짜 뉴스 팩트 체크 하겠습니다」(조아라, M&Kids, 2020)
어른주의보! 이런 어른을 조심해! 「내 꿈은 슈퍼마켓 주인!」(쉐르민 야샤르, 위즈덤하우스, 2018)

생존 쓰기 Level UP ↑

생활 속 '틈새 쓰기' 공략법

최상위권 학생들에겐 몇 가지 공통된 습관이 있다. 그중에서도 가장 눈에 띄는 건 철저한 시간 관리다. 최상위권 성적을 받는 학생들의 하루를 꼼꼼히 살펴보면 중학생이든 고등학생이든 단 1분도 허투루 쓰는 법이 없다.

이들은 쉬는 시간, 점심시간은 물론 등하교 시간까지 꼼꼼히 계산해 학습 시간에 넣는다. 쉬는 시간엔 방금 전 수업 시간에 배운 내용을 복습하고, 점심 먹고 남은 시간엔 수학 오답 노트를 정리한다. 자투리 시간까지 알뜰히 긁어모아 반복 학습에 투자하니 그렇지 않은 학생보다 늘 한 발짝 앞선다.

글쓰기에도 이 같은 전략이 필요하다. 무의미하게 버려지는 틈새 시간을 잘 활용하면 일상에서 더 자주 '쓸 기회'를 잡을 수 있다. 글 실력은 하루아침에 늘지 않는다. 자주 써야 는다.

'매일 10분'의 기적
쓰기를 위한 자투리 시간 활용법

1. 하루 시간표로 틈새 시간 찾기

먼저 아이의 생활 패턴을 떠올리며 시간대별로 일정을 기록해보자. 아이가 언제, 어떤 일을 하며 하루를 보내는지 표로 정리하면 글을 쓸 수 있는 틈새 시간이 눈에 쏙쏙 들어온다.

2. 쉽고 재미있는 짧은 글쓰기

토막 시간을 활용해 글을 쓰는 건 '쓰기 빈도'를 높이기 위해서다. 아이에게 '쓰는 습관'을 잡아주는 게 핵심. 이때만큼은 고도의 집중력을 요구하는 복잡한 글쓰기보다 쉽고 재미있게 끝낼 수 있는 글을 써야 한다. 자기가 쓰고 싶은 글을 자유롭게 쓰도록 하면 매일 쓰는 삶을 실천할 수 있다.

3. 글감 정하기

자투리 시간 동안 글을 쓰기 어렵다면 이 시간을 이용해 글감을 미리 정해두자. 어린이신문이나 잡지를 훑어보며 흥미로운 글감을 찾아도 좋고, 간식을 먹으며 쓰고 싶은 내용에 대해 떠올려봐도 좋다. 이때 찾은 글감을 간단히 메모해놓으면 금상첨화. '시작이 반'이란 속담처럼 글감을 찾았다면 글쓰기도 절반은 끝낸 셈이다.

4. 어휘 쌓기

단 5분, 10분이라도 매일 어휘 공부를 하면 실력이 몰라보게 향상된다. 자투리 시간을 활용해 유의어와 반의어, 속담과 명언 등 글쓰기에 활용할 수 있는 표현들을 정리해보자. 매일 한 페이지씩 어휘 학습지를 꾸준히 풀어도 좋다. 아는 단어가 많을수록 글이 더 풍성해진다는 사실을 명심하자.

Chapter 5.

초등 생존 쓰기 4단계
: 쓰기 기술을 공략하자!

일상에 요령을 더하면 최고의 글이 탄생한다

일기, 네 멋대로 써라!

일기 쓰기는 아이들에게 가장 골치 아픈 존재다. '매일'이라는 전제가 붙어 있기 때문이다. 아침에 일어나 학교에 가고, 학교 끝나면 학원에 가는 일상. 다람쥐 쳇바퀴 돌 듯 이어지는 월화수목금금금. 바뀌는 건 반찬 메뉴 정도다.

대부분의 아이들이 일기장을 앞에 두고 머리를 쥐어짠다. 뭔가 색다른 내용을 써야 한다는 강박 때문이다. 우선 일기에 대한 고정관념을 깰 필요가 있다. 일기는 말 그대로 하루에 대한 기록. 천천히 글을 쓰며 자기를 뒤돌아보는 데 그 목표가 있다. 써야 할 말이 따로 정해져 있는 게 아니란 뜻이다.

일기는 허구 아닌 현실
평가 아닌 공감의 대상

아이와 함께 이순신 장군님이 쓰신 『난중일기(亂中日記)』를 읽어보자. 장군님의 일기에도 '동헌에 나가 나랏일을 보았다'는 문구가 자주 등장한다. 아이들 일기에 등장하는 단골 멘트 '아침에 일어나 학교에 갔다'와 다르지 않다. 매일 날씨는 어땠는지, 어떤 일이 있었는지, 누구를 만나 어떤 대화를 나눴는지도 꼼꼼히 적혀 있다. 희로애락의 감정도 가감 없이 담겨 있다.

우리는 장군님의 일기를 읽으며 왜 이런 시시콜콜한 일들을 죽 나열해놨는지, 왜 단 몇 줄밖에 쓰지 않았는지 묻고 따지지 않는다. 부모는 아이의 일기를 볼 때 같은 마음으로 다가가야 한다.

하루를 오롯이 복기하는 것만으로도 아이에겐 큰 발전일 수 있다. '친구와 간식을 나눠 먹었다', '늦지 않게 학원에 도착했다'처럼 아주 사소한 일이라도 일기 속에서 칭찬할 만한 부분을 발견했다면 밝은 표정으로 기쁘게 반응해주자. 자기 글에 부모가 관심을 보이면 일기 쓰기에 대한 아이의 생각과 태도가 서서히 달라진다.

일기가 문학작품이 아니란 사실도 잊지 말아야 한다. 『안네의 일기』가 고전으로 꼽히는 건 블록버스터급 전쟁 장면이 포함돼 있어서가 아니다. 한 소녀가 순수한 마음으로 남긴 '삶의 기록'이기 때문이다. 일기를 쓸 때 스펙터클한 이벤트, 거창한 서사를 떠올리면 한 줄도 쓰기 어렵다.

아이와 함께 『난중일기』, 『안네의 일기』를 읽으며 글쓴이가 기록한 소소한 일상과 솔직한 감정, 앞날에 대한 희망과 열정을 짚어보자. 매일 일어나는 작은 사건들이 모여 미래의 내가 된다는 걸 깨닫고 나면 일기 쓰기가 더욱 가치 있는 일로 여겨질 것이다.

일상을 새롭게 보는 과정
부담이 없어야 매일 쓴다

일기 쓰기가 처음인 아이, 일기 쓰기를 싫어하는 아이에겐 약간의 도움이 필요하다. 먼저 일기엔 어떠한 제한도 없다는 사실을 알려줘야 한다. 처음부터 끝까지 날씨 얘기만 써도 좋고, 친구와 나눈 대화로 한 바닥을 가득 채워도 좋다. 제약이 없어야 부담이 사라지고, 부담이 없어야 매일 쓰기가 가능해진다.

어느 정도 일기 쓰기에 익숙해진 아이라면 하루 동안 일어난 일들을 빠짐없이 열거하기보다 딱 한 가지 일에 초점을 맞춰 쓰도록 이끌어주는 게 좋다. '아침에 일어나 세수를 하고 밥을 먹고 새로 산 운동화를 신고 학교에 갔다'는 식으로 일기를 쓰면 자기 생각과 감정을 드러내기 어렵다. 또 이렇게 일기를 쓰면 날이 바뀌어도 비슷한 내용이 되풀이되기 쉽다.

반면 '새로 산 운동화'처럼 딱 한 가지 사건에 집중하면 보다 심도 깊은 이야기를 풀어낼 수 있다. 왜 운동화를 새로 사게 됐는지, 누구와 어디로 운동화를 사러 갔는지, 많은 운동화 중 왜 그 운동화를 골랐는지, 새 신발을 신고 학교에 간 기분은 어땠는지 차근차근 쓰다 보면 그 과정에서 느꼈던 다양한 감정과 생각을 표현할 수 있게 된다. 중심 사건과 관련된 일들을 하나씩 전개하면 쓸거리도 많아진다.

일상적인 소재를 사회적 관점에서 바라보거나, 새로 배운 내용을 자기 경험과 연결 지어 일기를 쓰면 내용이 한층 다채롭고 풍성해진다. 예를 들어 골목에 굴러다니는 개똥을 보고 '공공예절'을 떠올렸다면 '공공장소에서 펫티켓을 지키자'는 내용으로 일기를 써볼 수 있다. 아이의 시야가 개인적 일상을 넘어 사회 전체로 확장되면 '더럽다', '불쾌하다'는 느낌 위주의 글에서 자기주장과 관점이 담긴 글로 한 단계 진화한다.

학교에서 배운 내용을 내 경험과 연결 지어 일기 쓰기

제목 : 자유란 뭘까?

동생이 생일 선물로 거북이를 받고 싶다고 했다. 아빠가 일찍 퇴근한 날 온 가족이 함께 거북이를 사러 아쿠아리움에 갔다. 그곳에서 커먼 머스크라는 종의 거북이 두 마리를 입양했다.

거북이는 집에 오기 위해 산소가 든 투명한 비닐봉지에서 거의 2시간 가까이 갇혀 있어야 했다. 차 안에서 거북이들은 바깥 풍경은 볼 수 있었지만 밖으로는 나오지 못하고 버둥거리기만 했다.

집에 와서 바로 비닐 봉지의 입구를 열었을 때 거북이들은 활발하게 집 안을 기어다니기 시작했다. 그리고 나는 생각했다. 누군가에게 갇혀 있지 않고 해방되는 것이 진정한 자유라는 것을.

_4학년, 첫째

일기 쓰기를 통해 사고의 폭을 넓히는 방법도 있다. 기사를 읽고 자기 생각을 쓰는 '신문 일기'다. 어린이신문에서 마음에 드는 기사를 골라 읽고 내 느낌을 덧붙이면 차별화된 내용으로 일기를 쓸 수 있다. 신문을 꾸준히 읽으며 최신 이슈, 찬반 논란에 대한 생각을 일기장에 정리하면 시사 상식이 풍부한 아이로 자란다. 기사에 나온 적확한 표현, 고급 어휘를 일기 쓸 때 차용하면 어휘력도 눈에 띄게 향상된다.

신문 기사 읽고 일기 쓰기

제목 : 여름을 이기는 방법

'우리 조상들의 여름 나기 비법'에 대한 기사를 읽었다. 에어컨도, 선풍기도, 시원한 아이스크림도 없었던 몇백 년 전, 우리 선조들은 어떻게 찌는 듯한 여름을 보냈을까?

첫째, 조상들은 시원한 등나무 줄기를 이용해 등등거리(조끼), 등토시 같은 통풍이 잘 되는 옷을 만들어 입었다. 둘째, 공기의 대류 현상을 이용해 대청 마루를 만들어 천연 에어컨처럼 사용했다. 셋째, 죽부인이나 방구부채(둥근 부채란 뜻)처럼 시원함을 느끼게 해주는 용품을 고안해 여름을 현명하게 났다. 마지막으로 삼계탕 같은 보양식을 먹어 몸에 있는 뜨거운 기운을 내보냈다. 조선 최고의 실학자인 정약용 선생님은 한시를 지어 무더위를 물리치는 8가지 방법을 소개하기도 했다.

나에게도 여름을 나는 특별한 방법이 있다. 선풍기 바람의 세기를 '강'으로 바꾼 다음 얼굴을 선풍이 가까이에 대고 있거나 수박 반 통을 통째로 숟가락으로 파먹는 것이다.

올여름은 평년보다 더 무덥다고 한다. 우리 모두 뜨거운 여름을 건강하게 났으면 좋겠다.

_5학년, 첫째

공적인 일기 vs 사적인 일기
사춘기 우리 아이, 쓰기형 인간으로

부모는 아이에게 "일기는 솔직하게 쓰면 된다"고 일러준다. 그런데 막상 솔직한 마음을 담아 일기를 쓰면 "이런 걸 일기에 쓰면 어떡하냐!"

며 혼을 낸다. 일기 때문에 혼이 난 아이는 일기 쓰기가 더 싫어진다. 아이가 자랄수록 반감도 커진다. 부모의 검열은 아이를 일기에서 멀어지게 하는 가장 큰 걸림돌이다.

사춘기에 접어든 아이에겐 '공(公)적 일기'와 '사(私)적 일기'를 구별해 쓰는 법을 알려주자. 부모가 확인하고 선생님이 도장을 찍어주는 일기는 공적 일기다. 공적 일기에 거친 생각과 불안한 눈빛까지 거침없이 담았다간 불필요한 오해를 살 수 있다. 가족이나 선생님에 대한 강도 높은 비판, 친구에 대한 근거 없는 소문 등 다른 사람에게 상처를 줄 수 있는 내용도 지양하는 게 바람직하다.

반대로 '사적 일기'엔 자기 생각과 감정을 솔직하게 표현할 수 있도록 아이의 사생활을 확실히 보장해줘야 한다. 본래 일기란 지극히 사적이고 은밀한 개인의 기록이다. "임금님 귀는 당나귀 귀!"라고 외친 이발사처럼, 아이도 자기 속마음을 일기장에 가감 없이 털어놓을 수 있어야 한다. 일기를 쓰며 해방감을 느껴본 아이는 글쓰기의 진정한 카타르시스를 맛봤다고 할 수 있다. 이런 짜릿한 경험이야말로 아이를 '쓰기형 인간'으로 변화시키는 원동력이 된다.

One Point Lesson!

일기 쓰기를 어려워하는 아이에겐 '친구가 쓴 일기'를 보여주자. 또래가 쓴 일기를 읽고 나면 먹기 싫은 멸치볶음과 무시무시한 치과가 어떻게 생생한 일기로 변신하는지 단박에 깨닫게 된다.

『신통방통 일기 쓰기』(박현숙, 좋은책어린이, 2011), 『나 혼자 해볼래 일기 쓰기』(이현주, 리틀씨앤톡, 2013)처럼 일기 쓰기 요령을 가르쳐주는 책에는 또래 친구들이 쓴 일기가 다양하게 실려 있다. 친구들의 이야기를 여러 편 읽고 나면 일기 쓰기에 대한 '감'이 확실히 잡힌다.

아이가 진짜 "쓸 게 없다"고 항변하는 날엔 삼행시 짓기, 최신 '인싸템' 소개하기 등 아이가 쉽게 쓸 수 있는 주제를 제시해주자. 어른들은 모르는 신조어를 퀴즈로 내달라고 요청할 수도 있고, 주말에 하고 싶은 일을 미리 계획해보라고 주문할 수도 있다. 꼭 '오늘' 일어난 일이 아니더라도 자유롭게 쓰도록 하면 일기 쓰기에 대한 부담이 확 줄어든다.

신통방통 설명문

생활하다 보면 부모도, 아이도 설명할 일이 참 많다. 부모는 아이에게 간식은 어디에 준비해뒀는지, 심부름으로 슈퍼에서 어떤 두부를 사와야 하는지 하나도 빠짐없이 최대한 꼼꼼하게 설명한다. 아이는 아이대로 미술 시간에 어떤 그림을 그렸는지, 오늘 급식 메뉴 중 어떤 반찬이 가장 맛있었는지 침을 튀겨가며 전달하기 바쁘다.

서로 설명하느라 열띤 대화가 오고 간 날엔 어떤 글을 쓸지 걱정할 필요가 없다. 이미 '설명하는 글'을 쓴 셈이니 말이다.

친절한 설명문
구체적으로 쉽게 쓰는 법

아이들은 특별한 상황에선 신들린 듯 설명을 매우 잘한다. 자랑할 거리가 생겼을 때, 그리고 남들에게 '잘한다'고 인정받았을 때. 새로 산 장난감을 설명할 때 아이들은 작은 디테일 하나도 놓치지 않는 섬세함을 보인다. 짝꿍이 쭈뼛대며 수학 문제를 물어올 땐 세상에서 가장 친절한 선생님으로 변신한다. 손짓, 몸짓은 물론 그림까지 그려가며 최대한 쉽게 설명하기 위해 애쓴다. 설명하는 글을 쓸 때도 이 두 가지만 기억하면 된다. 친구에게 자랑하듯, 친구를 이해시키듯 구체적으로 쉽게 쓰는 게 핵심이다.

명쾌한 설명문을 쓰기 위해선 내가 잘 아는 대상을 선택해야 한다. 가장 아끼는 물건, 가장 친한 친구처럼 대상이나 사람에 대해 많은 정보를 가지고 있어야 제대로 된 설명문을 쓸 수 있다. '규칙을 지켜야 하는 이유를 설명하라'는 숙제처럼 내가 설명할 대상을 선택할 수 없을 땐 글쓰기 전 책이나 인터넷 검색 등을 통해 자료 조사를 철저히 해야 한다.

설명하고자 하는 대상의 '어떤 점'을 부각시킬지 잘 선택하는 것도 중요하다. 내가 좋아하는 아이돌 그룹을 설명하기로 결정했다면 그 그룹의 신규 앨범을 소개할지, 패션 스타일을 설명할지 분명히 결정해야 한다. 여러 가지를 모두 다루고 싶다면 문단을 나눠 하나씩 접근하는 게 좋다. 신곡 소개부터 유머 감각에 이르기까지 이것저것 나열하는 식으로 설명하면 장황한 글이 되기 쉽다.

어떤 방법으로 글을 전개해나갈지도 고려해야 한다. 선생님께 요즘 학생들이 많이 쓰는 신조어나 은어를 설명한다면 대상의 뜻을 정확히 짚어주는 게 좋다. 특정 학원에 다니기 싫은 이유를 설명할 땐 '다니고 싶은 학원'과 '다니기 싫은 학원' 사이에 어떤 차이점이 있는지 견주는 방식이 효과적이다. 이렇게 대상의 특징에 따라 정의나 대조, 분류 등의 방법을 활용하면 훨씬 더 이해하기 쉬운 설명문이 완성된다.

마지막으로 설명하는 글을 쓸 땐 사실과 의견을 정확히 구분해서 써야 한다. 지극히 개인적인 의견이나 느낌을 사실인 것처럼 쓰면 결코 좋은 설명문이라 할 수 없다. 객관적인 사실에 근거해 글을 쓰되, 주관적인 내용을 포함할 땐 '의견' 또는 '느낌'이란 점을 분명히 밝혀야 한다.

언제, 어디든 다 통하는 신통방통 설명문 쓰기

설명문은 어디든 통하는 신통방통한 글이다. 낮에 먹은 햄버거에 대해 일기를 쓸 때, 책을 읽고 독서록에 인상 깊은 장면을 묘사할 때 아이들은 사실 설명문을 쓰고 있는 셈이다. 아무리 쓰기 연습을 해도 아이가 몇 줄 이상을 넘기지 못한다면 위에 제시한 방법들을 대입해 글을 쓰게 도와주자.

위인전을 읽었거나 위인의 일대기를 그린 영화를 본 날엔 '다시 쓰는 위인전'이란 제목으로 설명문을 써볼 수 있다. 위인에 대한 소개와 함께 특정 업적이나 독특한 습관 딱 하나를 골라 집중 조명하는 글을 써보는 것이다.

교육방송이나 다큐멘터리, 뉴스를 보고 새롭게 알게 된 점이 있다면 정의와 예시로 나만의 지식 사전을 만들어볼 수 있다. 새로 배운 용어는 정의 내리고, 관련 예시나 현상을 다양하게 덧붙이면 나만의 지식 사전이 완성된다.

수학 오답 노트를 쓸 때도 설명문 형식을 활용할 수 있다. 이 문제를 왜 틀렸는지, 어떤 부분이 잘 이해가 안 됐는지 스스로에게 설명하듯 간단히 써보는 것. 쉽지 않은 일이지만 일단 습관을 들이고 나면 비약적인 발전을 이룰 수 있다.

수없이 많은 지식과 정보가 우리 곁을 매일 스쳐 지나간다. 한 번 봤다고 해서, 읽었다고 해서 모두 내 것이 되는 건 아니다. 친구에게 장난감을 자랑하듯 새로 알게 된 내용을 구체적으로 설명할 수 있어야 '진짜 안다'고 볼 수 있다. 설명문 쓰기는 넓고 얕은 지식이 아닌, 자기가 좋아하는 분야의 깊은 지식을 쌓게 하는 훌륭한 방법이다. 아이가 자기만의 지식 세계를 체계적으로 확장해나갈 수 있도록 평소 설명하는 글쓰기를 적극 권해보자.

구체적이고 짜임새 있는 설명문을 쓰기 위해선 '설명하는 방법'을 잘 구사해야 한다. 대상을 잘 드러낼 수 있는 설명 방식을 택하면 보다 명쾌하고 전달력 높은 글이 완성된다.

정의	대상의 뜻과 범위를 정확히 밝히는 방법
비교	둘 이상의 대상에서 공통점을 찾아 설명하는 방법
대조	둘 이상의 대상에서 차이점을 설명하는 방법
예시	구체적인 사례를 들어 이해를 돕는 방법
열거	대상의 특징을 나열해 설명하는 방법
인과	특정 상황이 벌어진 원인과 결과를 자세히 드러내는 방법
분류	특정 기준에 따라 대상을 구분해 설명하는 방법
분석	대상을 구체적인 항목으로 나누어 설명하는 방법

어린이를 위한 설득의 기술

『어떻게 원하는 것을 얻는가』(에이트 포인트, 2017)는 설득의 달인 스튜어트 다이아몬드 교수가 쓴 협상 전략 책이다. 이 책엔 성공적 협상을 이끌어낸 다양한 에피소드가 등장하는데, 채혈실에서 피를 뽑지 않겠다고 버티는 꼬마 이야기도 나온다.

마치 고문이라도 당하듯 비명을 질러대던 아이는 그의 제자가 몇 마디 말을 건네자 울음을 그치고 피를 뽑겠다고 나섰다. 엄마는 널 사랑하고, 네게 절대 나쁜 일은 하지 않으며, 검사를 하지 않으면 엄마도 의사 선생님도 널 도와줄 수 없다는 얘기를 들은 다음이었다. 엄마에 대한 사랑과 믿음을 확인한 아이는 단 몇 초 만에 마음을 바꿨다. 글쓰기로 아이와 실랑이를 벌이는 부모에게도 같은 전략이 필요하다.

협상 테이블에서 펜을 꺼내 들다
우리 가족이 '협상의 달인'이 되는 법

협상은 설득의 과정이다. 상대를 설득하려면 타당한 이유가 뒷받침돼야 한다. 명확한 이유도 없이 내 의견을 밀어붙이기만 하면 원하는 목적을 달성하기는커녕 외면받을 가능성이 높다.

협상은 멀리 있지 않다. 모든 가정에서 시시때때로 협상이 벌어진다. 아이의 편식 습관을 고치고 싶은 부모와 게임기를 갖고 싶은 아이, 다 함께 캠핑을 떠나고 싶은 부모와 친구와 놀고 싶은 아이. 아이가 클수록 갈등의 원인은 더 다양해지며 때론 타협점을 찾지 못해 교착상태에 빠지기도 한다.

형제자매 사이에도 협상이 필요한 순간이 적지 않다. 딱 한 조각 남은 치킨을 두고, 시간제한이 걸린 미디어 기기를 둘러싸고 치열한 싸움이 벌어진다. 한 치의 양보도 없는 난투극이 하루가 멀다고 벌어질 때, 부모는 총 대신 펜을 꺼내 들어야 한다.

협상이 필요한 순간, 시작부터 끝까지 모든 과정을 글로 써보자. '학원을 줄여달라'든 '만화책을 사고 싶다'든 자기가 원하는 내용을 적게 하면 아이들은 그 어느 때보다 열정적으로 글을 쓴다. 최선을 다해 타당한 이유도 찾아 붙인다. 아이 손끝에서 '주장하는 글'이 탄생하는 순간이다.

협상할 내용을 글로 남기면 이로운 점이 많다. 원하는 것을 글로 쓰면 그것이 왜 필요한지, 꼭 필요한지 다시 한 번 깊이 생각해볼 수 있다. 상대에게 바라는 점을 글로 옮기면 자기가 지나친 요구를 하고 있는 건 아닌지 되돌아보게 된다. 협상 기록 자체는 증거로 남아 약속을 실천에 옮기도록 돕는다.

형제자매간 싸움이 벌어졌을 때도 싸움의 원인과 과정을 글로 쓰게 하면 원만하게 타협점을 찾을 수 있다. 이땐 부모가 중재자로 나서는 게 좋다. 먼저 양쪽의 이야기를 충분히 듣고 어떻게 싸움이 일어났는지 글로 상황을 정리하게 한다. 그런 다음 문제를 어떻게 해결하면 좋을지 각자 방법을 제안하도록 한다. 이런 과정을 거치면 아이들도 자기 잘못을 정확히 인지하고 문제를 객관적으로 바라보게 된다. 또 스스로 결정을 내리게 하면 부모가 일방적으로 지시했을 때보다 더 잘 지키려고 노력한다.

가족 간에 문제가 생겼을 때도 대화 내용을 회의록처럼 적어 차근히 짚어보면 점진적으로 의견이 좁혀진다. "매일 30분씩 책을 읽었으면 좋겠다"는 부모도, "스마트폰 사용 시간을 늘려 달라"는 아이도 이견이 생길 때마다 대화하고 글로 정리하면 목소리를 높이지 않고도 문제를 해결할 수 있다.

온 가족이 함께 식탁에 앉아 자기가 원하는 사항을 글로 써보자. 각자 쓴 글을 바꿔 읽고 타당한 이유가 있을 땐 서로의 요구 사항을 적극적으로 들어주자. 이런 과정이 일상화되면 무조건 떼를 쓰던 아이도 합당한 이유를 들어 논리적으로 주장하는 태도를 갖게 된다. 상대를 설득하기 위해선 먼저 경청하고 공감해주어야 한다는 점도 자연스레 익히게 된다.

사전 작업이 더 중요한 주장하는 글쓰기

아이가 초등 고학년이라면 따로 시간을 내어 주장하는 글에 도전해보자. '온라인 수업 복장 규정', '육식을 줄여야 하는 이유' 등 평소 책을 읽다 자기주장을 세울 수 있는 주제를 발견했을 때 연습 삼아 써보는 것이 좋다.

주장하는 글쓰기는 '근거'란 초석 위에 '논리'란 탑을 쌓아나가는 과정이다. 내 주장의 설득력을 높이려면 주장을 뒷받침하는 근거가 무엇보다 중요하다. 근거를 찾을 땐 출처까지 정확히 기록해둔다. 또 근거의 범위가 지나치게 좁거나 넓으면 오류가 생길 수 있으므로 주의한다.

보다 짜임새 있는 글을 쓰기 위해 개요를 작성하는 게 좋다. 서론, 본론, 결론에 각각 어떤 내용이 들어갈지 미리 적어보는 것. 전체적인 뼈대를 미리 세워놓으면 자기주장을 보다 전략적으로 전달할 수 있다. 또 미처 발견하지 못했던 허점이나 오류를 파악하기도 쉽다. 주장하는 글은 쓰기 전 사전 작업이 그 어떤 때보다 중요하다.

먼저 서론에선 주장하는 이유를 밝힌다. 내 주장을 단도직입적으로 쓸 수도 있지만 주의를 환기시키는 질문을 던지거나 연구 결과, 신문 기사 등의 자료를 인용할 수도 있다. 본론엔 주장에 대한 근거와 문제해결 방법을 제시한다. 구체적이고 정확하게 서술하는 게 중요하다. 마지막으로 내 주장을 다시 한 번 강조하고 문제해결에 따른 전망을 짧게 덧붙이면 결론까지 마무리된다.

원격수업 복장 규정에 대해 토론하고 쓴 글

제목 : 온라인 수업 시간에도 단정한 옷을 입자!

원격 수업을 들을 때도 복장을 제대로 갖춰야 할까?
신문 기사를 보니 미국에선 온라인 수업을 들을 때 '잠옷을 입어도 된다'와 '안 된다'를 놓고 토론이 벌어졌다고 한다. 우리 집에서도 친구, 동생과 함께 이 주제를 놓고 토론을 했다.
나는 온라인 수업을 들을 때도 등교할 때처럼 단정한 옷을 입어야 한다고 생각한다. 그 이유는 온라인 수업을 할 때도 화면에 우리 모습이 다 보이기 때문이다. 만약 잠옷을 입고 수업을 듣는 친구가 있다면 선생님과 다른 학생들이 불쾌한 느낌을 받을 수 있을 것 같다. 또 다른 이유는 온라인 수업도 정식 수업이기 때문이다. 실제 학교 수업에 잠옷을 입고 오는 학생은 없다.

그러므로 나는 온라인 수업을 들을 때도 학교에 가는 것처럼 평상복을 입어야 한다고 생각한다.

_ 5학년, 첫째

주장하는 글은 배경지식이 풍부할수록 쓰기 쉽다. 찬반 논란이 뜨거운 이슈의 경우 신문 기사를 읽고 스크랩해 두는 게 좋다. 평소 다양한 분야의 책들을 꾸준히 읽으며 독후감을 쓰는 것도 도움이 된다. 이런 자료들은 향후 글을 쓸 때 두고두고 활용할 수 있는 좋은 참고자료가되니 차곡차곡 모아두자.

국어 교과서 토의, 토론 단원이나 사회, 도덕 교과서엔 연습 삼아 써볼 만한 주제가 다양하게 제시돼 있다. 아이와 함께 대화를 나누고 대화 내용을 토대로 글을 써보자. 시간을 내 꾸준히 연습한다면 주장하는 글쓰기도 오래지 않아 만만해질 것이다.

One Point Lesson!

주장하는 글을 쓸 땐 자기 논리와 근거가 확실해야 한다. 작가의 주장이 담겨 있는 책을 꾸준히 읽으면 논리적으로 의견을 피력하는 방법을 체화할 수 있다. 잘 벼른 칼날처럼 확실하고 다부지게 내 의견을 전달하고 싶다면 다음 책들을 읽고 주장하는 글을 연습해보자.

주장하는 글쓰기를 위한 추천도서

『공정 무역 행복한 카카오 농장 이야기』(신동경, 사계절, 2013)
『고기왕 가족의 나쁜 식탁』(김민화, 스콜라, 2013)
『토끼는 화장품을 미워해』(태미라, 위즈덤하우스, 2014)
『어린이를 위한 정의란 무엇인가』(안미란, 주니어김영사, 2011)
『아동 노동』(공윤희·윤예림, 풀빛, 2017)
『유튜브 쫌 아는 10대』(금준경, 풀빛, 2019)
『무기 팔지 마세요!』(위기철, 현북스, 2020)

매의 눈으로 쓰는 별별 보고서

초등 3학년이 되면 학급에서 배추흰나비를 키우며 '동물의 한 살이'에 대한 보고서를 쓴다. 꽃이나 채소를 심고 식물 관찰일지도 작성한다. 초등 고학년이 되면 과학 실험보고서는 물론 역사적 사실이나 인물에 대한 역사 보고서도 쓴다. 어려워 보이지만 의외로 쉽다. 글의 형식과 내용이 정해져 있기 때문이다. 보고서나 일지는 글쓰기의 최대 난제로 꼽히는 '무엇을 쓸 것인가'가 이미 정해져 있는 셈이다.

쓸거리도 풍부하다. 꿈틀거리는 애벌레를 요리조리 뜯어보면 생김새, 크기, 색깔, 움직임은 물론 먹이, 습성, 성장 과정까지 쓸 내용이 넘쳐난다. 일단 한 번 보고서를 쓰고 나면 '작은 벌레 한 마리로도 이렇게 많은 걸 쓸 수 있구나!' 깨닫게 된다.

관찰의 힘은 실로 놀랍다. 시간을 들여 찬찬히 대상을 바라보면 전에 보이지 않던 미묘한 차이가 눈에 들어온다. 세세한 부분까지 꼼꼼히 글로 옮기면 마치 대상을 직접 관찰하는 듯한 '살아 있는 글'이 완성된다.

과학자처럼 생각하기
오감(五感)으로 쓰는 관찰 보고서

학교에서만 보고서나 관찰 일지를 쓰는 건 아니다. 집에서도 얼마든 학구적인 보고서를 쓸 수 있다. 날마다 변하는 달의 모양을 관찰해 기록할 수도 있고, 집에서 키우는 반려동물(또는 식물)의 성장 과정을 꾸준히 적어볼 수도 있다. 관찰 보고서는 일단 시작하면 꾸준히 쓰게 된다는 점에서 쓰기 훈련용으로 제격이다. 관찰한 내용을 글로 옮기는 과정을 반복하면 자연스레 관찰력과 표현력도 좋아진다.

관찰 보고서를 쓸 땐 먼저 쓰고자 하는 대상을 정해야 한다. '땅콩 관찰하기(3학년 1학기 실험 관찰)'처럼 특정 대상 하나를 정해 쓸 수도 있고, '땅콩과 아몬드'처럼 두 가지 대상을 놓고 공통점과 차이점에 대해 기술할 수도 있다.

대상을 관찰할 땐 오감(五感)을 기준으로 삼는다. 크기, 색깔, 모양은 물론 맛, 냄새, 소리, 질감까지 대상의 특징을 하나씩 생생히 기록하면 자연스레 글의 양도 늘어난다. 돋보기, 저울, 온도계 같은 측정 도구를 이용해 구체적인 수치를 기록하면 보고서 내용이 훨씬 더 탄탄해진다.

달고나는 어떤 맛이 나는지, 밀가루 반죽에 이스트를 넣으면 어떻게 변하는지 직접 실험한 뒤 보고서를 쓰게 하면 금상첨화다. 물의 상태 변화(얼음, 물, 수증기 비교), 열의 전도(뜨거운 국에 담가둔 숟가락 관찰), 탄성(고무줄, 풍선) 등 간단한 준비물만으로도 집에서 해볼 수 있는 실험이 적지 않다. 실험 설계부터 결과 관찰에 이르기까지 아이 스스로 직접 하게 하면 과학 개념과 원리를 확실히 익힐 수 있다.

문제를 설정하고 해결 과정을 보고서로 작성하는 것도 방법이다. '층간 소음 줄이는 법', '난방비 절약법' 등 문제 상황들을 보고서 주제로 삼아 적합한 해결책을 모색해보는 것이다. 바닥에 매트 깔기, 슬리퍼 신기 등 적극적으로 해결법을 찾아 쓰고 실천하면 글쓰기 실력은 물론 탐구력과 문제해결력까지 향상된다.

조건이 다른 두 대상의 차이점을 알아보는 실험 보고서

과학 보고서	
탐구활동	누가 누가 멀리 날까? '신문지 비행기 vs A4 비행기의 대결'
준비물	A4용지 1장, 신문지, 스톱워치, 줄자

실험 설계	신문지를 A4용지와 같은 크기로 자른다. 신문지와 A4용지를 사용해 같은 모양의 종이 비행기를 접는다. 같은 장소에서 같은 힘으로 비행기를 날린다. 어떤 비행기가 더 오래, 더 멀리 날아갔는지 비교한다.
결과 예측	A4용지로 접은 비행기는 적당하게 무겁고 견고해 신문에 비해 잘 날아갈 것이다. 신문지로 만든 비행기는 가볍고 소재가 튼튼하지 않아 플러터링 현상(펄럭임)이 일어나거나 불규칙하게 날아갈 것 같다.
자료 변환	신문지로 만든 종이비행기 : 4.59m/0.88초 A4로 만든 종이비행기 : 5.35m/0.64초
자료 해석	신문지로 만든 종이비행기는 견고하지는 않지만 가벼워 공기를 타고 잘 날아갔다. 하지만 A4로 만든 비행기는 많이 접힌 앞부분 쪽이 무거워 일찍 떨어졌다.
결과	신문지 비행기의 경우 가볍고 유연해 날렸을 때 플러터링 현상이 일어날 것으로 예측했지만 오히려 공기를 더 잘 타면서 오래 날아갔다. 따라서 견고한 종이비행기보다 가벼운 종이비행기가 더 멀리, 오래 날아간다는 것을 알 수 있었다.

_5학년, 첫째

'친구들이 잘 모르는 역사 속 진실'을 찾아서

제목 : 문익점, 붓 뚜껑에 목화씨를 숨기지 않았다?!

대부분의 사람들은 모른다. 문익점이 목화씨를 붓 뚜껑에 숨겨왔다는 이야기가 사실이 아니라는 것을. 사실 문익점은 중국 원나라에 가서 목화씨를 '그냥' 받아왔다.

문익점 : 목화씨를 얻을 수 있겠습니까?

중국인 : 어차피 조선 땅은 너무 추워서 안 자랄 거다 해! 가져가서 마음대로 해보라 해~!

이렇게 해서 문익점은 비교적 순탄하게 목화씨를 받아 왔다. 물론 조선 땅이 너무 추워서 목화씨 3개 중 2개는 죽어 버렸지만 나머지 한 개는 무럭무럭 자라 백성들이 추운 겨울을 날 때 도움이 되는 옷이 되었다.

문익점 : 목화씨 비밀 수송 작전은 없었다!

(참고자료 : 〈EBS 역사가 술술〉)

_5학년, 첫째

'매의 눈'으로 이슈 찾기
일상 속 별별 보고서

일상생활로 눈을 돌리면 보고서로 쓸 수 있는 주제가 무궁무진하다. 반 친구들을 대상으로 설문조사를 진행해 그 결과를 보고서로 작성할 수도 있고, 특정 방송 프로그램을 비평하는 내용으로 보고서를 써봐도 좋다.

글을 쓸 땐 보고서 주제에 따라 설명 방식에 차이를 둔다. '우리 동네 맛집 인기 요인'에 대해 글을 쓴다면 원인 분석에 초점을 맞춘다. '○○편의점 vs △△편의점, 삼각김밥 대결'을 쓰고 싶다면 맛, 성분 함량, 가격 등 차이점에 집중해 기술한다.

문제점을 공론화하는 보고서를 쓸 땐 탄탄한 근거 제시가 관건이다. 현재 문제 상황이 무엇인지, 어떤 피해가 발생했는지 조사나 인터뷰 등을 통해 날카롭게 지적하는 게 핵심이다. '학교 복도에서 스마트폰으로 게임을 하는 학생들이 늘고 있다'든지 '학교 도서관 책이 아무렇게나 훼손된 채 방치되고 있다'든지 평소 문제라고 생각되는 점을 보고서 주제로 삼으면 된다. 친구들과 함께 공동 작업으로 진행하면 훨씬 더 깊이 있는 내용의 보고서를 완성할 수 있다.

관찰력이 좋다는 건 세상에 대한 호기심이 많다는 뜻이다. 세상에 관심이 많으면 쓸 것도 많아진다. 관찰 보고서 쓰기는 세상에 대한 관심과 흥미를 끌어올리는 좋은 방법 중 하나다. 다소 번거롭고 시간이 들더라도 이따금 프로젝트 수업처럼 보고서 쓰기를 진행해보자.

One Point Lesson!

직접 실험을 할 수 없다면 영상 미디어를 활용하자. 동물의 생태를 다룬 다큐멘터리나 과학실험 영상을 시청하고 관찰 보고서를 써도 무방하다. 'EBS 초등 사이트'를 이용하면 <과학할 고양>, <과학땡Q> 등 재미있고 알찬 과학실험 영상을 무료로 볼 수 있다. 초등 고학년이라면 역사 프로그램이나 탐사 보도 프로그램을 시청한 뒤 내용을 요약 정리하는 보고서를 써볼 수 있다.

교과서 따라 글쓰기

초등학생들이 가장 많이 보는 책은 뭘까? 바로 교과서다. 교과서는 학년별 문해 수준을 파악할 수 있는 가장 정확한 바로미터다. 아이가 해당 학년에서 어느 정도로 어휘력과 독해력을 쌓아야 하는지 궁금하다면 교과서를 펼쳐보면 된다.

글을 쓸 때도 교과서는 도우미 역할을 톡톡히 한다. 국어 교과서에 나오는 갈래별 쓰기 요령은 따라 하기 쉬운 가이드라인이 돼준다. 사회, 과학 같은 교과목은 글을 쓸 때 활용할 수 있는 배경지식을 키워준다. 전 과목 교과서를 열심히 배우고 익히면 어휘력이 차곡차곡 는다. 배경지식과 어휘력이 쌓이면 글은 더 정교하고 풍성해진다. 학습의 기본인 교과서를 충실히 따라가면 성적은 물론 글솜씨가 덤으로 따라온다.

수준 높은 글을 만드는 교과서 어휘

교과서는 아이 방 책장에 꽂아두고 수시로 함께 살펴보는 게 좋다. 목차, 학습 목표를 통해 공부의 맥을 짚어 보고, 본문 어휘를 점검하며 아이가 교과 내용을 이해하는 데 어려움이 없는지 확인하도록 한다. 해당 학년에서 숙지해야 할 단어를 계속 놓치면 학습 공백이 생기기 쉽다. 또 어휘 구사력이 떨어져 쉽고 단순한 글만 쓰게 되므로 주의해야 한다.

'영해(5학년 1학기 사회)', '비례배분(6학년 2학기 수학)'처럼 교과서 중간중간 따로 정리된 핵심 어휘는 중요 표시를 해두고 반드시 기억하도록 지도한다. 한자어의 경우 유의어, 반의어를 함께 익히면 뜻 파악이 용이해진다.

3학년 이상 아이와는 교과서를 더 꼼꼼히 살펴볼 필요가 있다. 초등 고학년 교과서엔 어려운 한자어부터 전문 용어까지 수준 높은 어휘가 대거 포진해 있기 때문이다. 영어 단어장 쓰듯 새로 배운 낱말을 기록하고 활용하면 어휘력이 지속적으로 상승곡선을 그린다.

"사회 시간에 인권에 대해 배우는데 추상적인 개념이라 어렵다"는
아이 말을 듣고 함께 이야기 나눈 후 쓴 글

제목 : 아동 인권이 먼저

사회 시간에 인권에 대해 배우고 있다. 인권은 인간으로서 당연히 가지는 기본적인 권리다. 우리 사회에는 인권을 보장받지 못하는 사회적 약자들이 있다. 예를 들어 힘이 없는 어린이나 노인, 이주 노동자나 성소수자들이 이에 해당된다.

그중에서 나는 어린이가 인권을 보장받지 못하는 최약자라고 생각한다. 왜냐하면 아동은 신체적, 경제적으로 힘이 없기 때문에 누가 학대를 하거나 인권을 침해해도 방어할 능력이 없기 때문이다.

나는 어린이들을 위해 아동학대 처벌법이 좀 더 강화됐으면 좋겠다고 생각한다. 아동을 학대한 사람은 가중처벌을 받게 하고 아동을 사망에 이르게 하면 무기징역을 받게 하는 강력한 법이 만들어졌으면 좋겠다. 그렇다면 아무런 말도 못한 채 고통받는 아이들이 줄어들게 될 것이다.

_5학년, 첫째

교과서 본문을 훑다 아이가 어려워할 법한 어휘를 발견했다면 뜻을 물어보고 넘어가는 게 좋다. 아이가 낱말 뜻을 모를 경우엔 스스로 유추해보도록 시간을 준다. 앞뒤 문장을 읽으며 단어 뜻을 추측하게 하면 전후 맥락을 파악하는 힘이 생긴다. 이런 방식으로 꾸준히 추론 능력을 키우면 아이가 글을 읽다 낯선 어휘를 만나도 쉽게 포기하지 않는다. 빈도 높게 사용되는 단어 뜻을 잘 모르고 있을 땐 사전을 찾아 정확히 숙지하도록 지도하는 게 바람직하다.

차별화된 글을 만드는 교과서 배경지식

'지구 온난화 방지를 위한 작은 실천', '현명한 소비를 위해 고려해야 할 사항' 등 어린이를 위한 글쓰기 주제는 다양한 분야의 지식과 연결돼 있다. 해당 주제에 대한 배경지식이 풍부할수록 구체적이고 의미 있는 글을 쓸 수 있다.

초등 교과서는 사회, 과학, 미술, 음악 등 각 분야의 가장 기초적인 지식을 알기 쉽게 집약해놓은 책이다. 평소 교과서를 꼼꼼히 읽고, 새로 배운 내용을 자기 것으로 만들어놓으면 다양한 근거와 예시가 뒷받침된 글을 쓸 수 있다.

수업 시간에 배웠던 유적지로 답사 여행을 떠나거나 자연사 박물관, 우주 체험관 등으로 체험학습을 떠나면 글을 쓸 때 활용할 수 있는 지식과 경험이 고루 축적된다. 글의 주제와 관련된 구체적인 경험, 당시 느꼈던 솔직한 감정이나 깨달음을 문장에 녹이면 자기만의 색깔이 드러나는 차별화된 글이 완성된다.

실전 능력을 키우는 교과서 쓰기 활동

동물의 특징을 활용해 내가 만들고 싶은 것은 무엇인가요? (3학년 2학기 실험관찰)
공부를 하는 사람에게 근면함이 왜 필요할까요? (4학년 도덕)
인공 지능과 관련해 근거를 들어 주장하는 글을 쓰고 친구들과 이야기해 봅시다. (5학년 1학기 국어 가)

주요 과목 교과서는 쓰기 훈련장이다. 과목별 쓰기 활동을 성실히 수행하면 설명문, 광고문, 기행문, 논설문 등 다양한 갈래의 글을 써볼 수 있다.

교과서에 제시된 쓰기 활동은 글쓰기를 꾸준히 실천할 수 있는 좋은 기회다. 매일 학습한 내용을 토대로 내 생각을 풀어 쓰는 연습을 하면 쓰기 근육이 튼튼해져 문장력이 좋아진다.

어떤 글을 쓸지 좀처럼 아이디어가 떠오르지 않는 날엔 교과서 쓰기 활동을 참고해 글을 써보자. 아이가 별도로 시간을 내 글쓰기 연습을 할 수 없는 상황이라면 학교 수업 시간, 교과서에 나온 쓰기 활동이라도 성실히 수행하도록 이끄는 게 바람직하다.

One Point Lesson!

초등 교과서에는 '지표', '주권', '원주율'처럼 낱말 뜻 자체가 개념인 경우가 적지 않다. 부실한 어휘력이 학습 공백으로 이어지는 이유다. 아이가 교과서 주요 어휘를 모르고 있다면 선생님의 설명도 이해하지 못할 가능성이 높으므로 주의 깊게 살펴봐야 한다.

아이와 함께 자주 교과서를 들춰보며 어려워하는 부분은 없는지, 모르는 단어가 많지는 않은지 수시로 확인하자. 학교생활에 대한 자신감과 자기효능감을 높이기 위해서라도 아이가 교과서 주요 어휘는 꼭 인지하고 넘어가도록 곁에서 도와줘야 한다.

생존 쓰기 Level UP ↑

31가지 주제, 골라 쓰는 재미가 있다!

아이들은 31가지 다양한 맛을 파는 아이스크림 가게를 좋아한다. 골라 먹는 재미가 있기 때문이다. 글쓰기에도 같은 접근이 필요하다. 아이스크림을 고르듯 하루 한 편씩 원하는 주제의 글을 선택해 쓰게 하면 아이도 즐기는 자세로 글을 쓰게 된다.

각각의 주제를 종이에 적어 뽑기처럼 만들어보자. '상금 500원', '짜장면 한 그릇' 등 쓰기 주제에 보상까지 덤으로 적어놓으면 글쓰기 시간이 더 특별해질 것이다.

오늘은 어떤 글을 쓸까? 뽑아보자! 쏙쏙!	
내 마음대로 창작하기	1) 상상 속 동물을 떠올리며 동시 짓기
	2) 친구 또는 가족 별명 짓기
	3) 좋아하는 책 뒷이야기 바꿔 쓰기
	4) 우리 반 친구들을 등장인물로 하는 동화 쓰기
	5) 좋아하는 노래 가사 바꿔 쓰기
	6) 좋아하는 대상 이름으로 N행시 짓기

편지 쓰기	7) 단짝 친구에게 파티 초대장 쓰기
	8) 이야기 속 주인공에게 편지 쓰기
	9) 이야기 속 악당에게 경고장 쓰기
	10) 존경하는 역사 속 위인에게 편지 쓰기
	11) 유명 인사에게 편지 쓰기
설명하는 글쓰기	12) 생일 또는 어린이날 받고 싶은 선물 설명하기
	13) 키우고 싶은 반려동물 묘사하기
	14) 가장 좋아하는 음식 조리 과정 설명하기
	15) 자기 장·단점 설명하기
	16) 미래의 꿈 소개하기
	17) 어른이 되어 살고 싶은 집 묘사하기
	18) 최근 읽었던 책 중 재미있는(또는 무서운) 책 소개하기
	19) 친구들에게 영화 추천하기
	20) 지금까지 꿨던 꿈 중 가장 이상했던 꿈 설명하기
요약·정리하기	21) 우주 여행에 대한 신문 기사 읽고 요약하기
	22) 세종대왕 업적 정리하기
	23) 어른들도 모르는 진짜 진짜 어려운 단어 모음
감정 일기 쓰기	24) 가슴 뿌듯했던 일 떠올려 쓰기
	25) 감정이 활화산처럼 폭발했던 사건 쓰기
	26) 담임선생님(또는 부모님)께 꼭 전하고 싶은 말 쓰기
관찰 보고서	27) 내 동생(단짝 또는 반려동물)의 별난 습관 관찰 보고서
상상력 펼쳐 쓰기	28) 갑자기 조선 시대에 떨어진다면?
	29) 나에게 초능력이 생긴다면?
	30) 내가 회사의 최고경영자(또는 하루살이)가 된다면?
	31) 지구 기온이 지금보다 3도 더 높아진다면?

Chapter 6.

초등 생존 쓰기 5단계
: 분량 걱정은 이제 그만!

할 말이 많으면 쓸 말도 많다

독서, 좋은 글을 만드는 말랑말랑 뇌 풀기

두 아이를 키우며 기회가 닿을 때마다 '리딩맘' 봉사활동을 했다. 아이와 같은 반에서 생활하는 친구들에게 30분 남짓 책을 읽어주는 일이다. 아이들의 호기심과 집중도를 높이기 위해 모두 다 알 법한 유명한 이야기보다 이제 막 출간된 따끈따끈한 신간을 구입해 교실을 찾곤 했다. 아이들이 푹 빠질 만한 이야기를 고르느라 신간 서평을 찾아 읽고, 물망에 오른 책들은 서점에 가서 직접 비교해보며 나름 심혈을 기울여 책을 골랐다.

그런 노력에도 불구하고 늘 두세 명 정도는 내가 고른 책을 이미 읽었거나, 자기 집에도 있는 책이라며 반색했다(안목 있고 발 빠른 육아 고수들은 어디에나 존재하는 법!). 이 친구들은 내가 미처 막을 새도 없이 무시무시한 스포일러로 변해 결말을 말해버리거나 책 읽는 중간중간 다음 내용을 옆 사람에게 미리 알려주는 초특급 서비스를 제공해 내 혼을 쏙 빼놓곤 했다.

예상치 못한 돌발 변수가 있었지만 책 읽기 활동은 늘 즐겁게 마무리됐다. 표지를 보며 이야기를 미리 유추해보고, 본문을 읽으며 주인공의 마음을 헤아리다 보면 아이들은 누가 먼저랄 것도 없이 자유롭게 자기 생각을 표현했다.

책 읽기를 마칠 때면 '바로 지금, 한 문장이라도 써보면 얼마나 좋을까' 생각하곤 했다. 생각과 감정이 한껏 고양된 상태에서 쓴 문장엔 진심이 묻어 있기 마련이니까.

뇌를 위한 준비운동
글쓰기 전 책 읽기

운동을 하기 전엔 반드시 준비운동을 해야 한다. 천천히 심호흡을 하며 딱딱한 근육을 풀어주면 부상 위험은 줄고 운동 효과는 배가된다. 아이와 글을 쓸 때도 뇌를 위한 준비운동이 필요하다. 잠들어 있던 뇌를 활성화시켜 말랑말랑한 상태로 바꿔 놓으면 창작의 고통은 줄고 상상력은 확장된다.

글쓰기 전 가장 좋은 준비운동은 '독서'다. 배꼽 빠지게 웃긴 이야기, 오싹 소름이 돋게 무서운 이야기, 왈칵 눈물이 쏟아지는 감동적인 이야기는 아이들의 감수성과 창의력을 폭발시킨다. 이야기를 읽고 난 아이들은 "나도 비슷한 이야기를 써보고 싶다"거나 "나는 그것보다 더 무서운 이야기를 쓸 수 있다"며 의지를 활활 불태운다. 독서를 통해 내 글에 적용해보고 싶은, 욕심나는 '힌트'를 얻은 덕분이다.

글쓰기 전 독서는 여러 면에서 효과적이다. 이야기는 아이들에게 새로운 어휘를 소개해준다. 역사나 과학, 인물 이야기는 배경지식을 선물한다. 탈무드나 이솝우화의 교훈은 철학적 깨달음을 안겨준다. 다양한 어휘와 배경지식, 삶에 대한 통찰력은 글을 쓸 때 꼭 필요한 재료들이다.

아이 손에서 좋은 글이 나오기까지 오랜 시간이 걸리는 건 이런 기초 실력을 쌓기까지 충분한 시간과 노력을 들여야 하기 때문이다. 무조건 쓰기부터 시작하면 아이는 어떤 말을 써야 할지 갈팡질팡하다 쓰고 지우기만 반복하게 된다. 쓰고 쓰고 또 써도 실력이 나아지지 않으면 지켜보는 부모도, 쓰는 아이도 속만 터진다.

글쓰기 전 독서에 10분만 투자해도 더 깊이 있고 의미 있는 글이 나온다. 아이가 '뇌 풀기'를 한 뒤 글을 쓰는 습관을 들이도록 일정 기간 동안엔 부모가 함께 책을 읽으며 글에 대한 힌트를 던져주는 게 좋다. "화가 난 마음을 이렇게 표현할 수도 있구나", "흐름을 확 뒤집는 반전이 여기 숨어 있었구나" 하나씩 짚어가며 책을 읽으면 아이는 머릿속에서 조금씩 이야기에 대한 얼개를 짜나간다. "뭘 쓰고 싶니?"라는 막연한 질문보다 "어떤 책을 읽고 시작할까?"로 질문을 바꿔보자. 그날 읽는 책에 따라 아이의 글도 변화무쌍하게 달라질 것이다.

다양한 글을 만드는 재료
글쓰기를 위한 읽기

독서는 뇌를 위한 준비운동으로도 탁월한 효과가 있지만, 그 자체가 다양한 글쓰기를 위한 유용한 재료가 된다. 이야기책을 읽은 날엔 책에 대한 감상을 적어볼 수도, 이야기 줄거리를 육하원칙에 맞춰 기사 형식으로 정리해볼 수도 있다. 등장인물들의 주요 대화를 따로 모아 연극 대본을 써보는 것도 재미있다.

정말 마음에 드는 책을 발견했다면 해당 작품을 쓴 작가에 대해 조사하고 인물 탐구 보고서를 써볼 수 있다. 작가가 쓴 다른 작품들을 추가로 읽은 뒤 글을 쓰면 그 작가만이 가진 특유의 문체, 독특한 삽화, 등장인물들의 특징 등 '작품 세계'를 논하는 글을 쓸 수 있다. 책에 실린 '작가의 말'을 토대로 상상 인터뷰를 진행하고 문답 형식으로 글을 정리하면 색다른 글이 탄생한다. 이처럼 책을 읽고 글을 쓰면 쓰기에 급급하던 때보다 더 다채로운 아이디어로 다양한 형식의 글을 쓰게 된다.

글쓰기에 익숙지 않은 아이와는 부모가 함께 책을 읽으며 대화를 나누는 게 먼저다. 책을 읽기 전, 읽는 도중, 읽고 난 후 중간중간 대화를 나누다 보면 아이의 말속에 빛나는 생각들이 섞여 나온다. 부모가 아이의 말을 간략히 메모한 다음 메모 내용에 살을 붙이게 하면 아이다운 생각이 살아 있는 글 한 편이 완성된다.

좋은 글은 거창하고 대단한 글이 아니다. 『흥부 놀부』를 읽고 쓴 독후감이라도 아이만의 느낌, 꾸밈없는 생각이 포함돼 있다면 새로운 글, 특별한 글이 된다. 부족하고 어설펐던 문장들이 깎이고 다듬어져 완성된 글을 향해 나아가도록 아이에게 읽고 쓰기를 꾸준히 권해보자.

One Point Lesson!

글을 잘 쓰려면 단어를 잘 구사해야 한다. 때론 의미를 강조하기 위해 단어 순서를 뒤바꾸기도 하고(도치법), 정반대로 표현할 수도 있어야 한다(반어법). 이런 능력은 '쪽집게 과외'를 받는다고 해서 체득되는 게 아니다. 많이 읽고 많이 써야 는다.

김유정의 『동백꽃』 일부를 읽고 문제를 풀던 첫째가 도통 답을 모르겠다며 질문을 해온 적이 있다. 씨알 굵은 감자를 내밀며 "늬 집엔 이거 없지?"라고 말하는 점순이의 심리를 묻는 문제였다.

아이는 너무나 당연하다는 듯 '점순이가 주인공 소년을 괴롭히고 있다'에 동그라미를 쳤다. 작품을 처음부터 끝까지 다 읽었더라면 점순이가 소년을 짝사랑한다는 걸 알 수 있었을 텐데, 일부만 발췌독하다 보니 생긴 문제였다(게다가 아이는 소작농 아들인 주인공의 '서러운 처지'에 이미 감정이 기울 대로 기운 상태였다).

책을 읽을 때 많은 아이들이 비슷한 실수를 저지른다. 전체 맥락과 행간의 숨은 뜻을 파악하지 못한 채 문자 그대로 내용을 받아들이고 '잘 안다'고 착각한다. 따라서 읽기 기술이 미숙한 아이는 어느 정도 실력이 쌓일 때까지 부모가 함께 책을 읽으며 '독서 가이드' 역할을 해줘야 한다. 아이가 작가의 의도를 파악하며 글을 읽을 수 있도록 나침반 역할을 해줘야 하는 것이다. 이제 막 한글을 배운 아이, 초등 고학년이라도 어휘력과 독해력이 부족한 아이는 부모와 함께 다양한 책을 읽으며 읽기 능력을 쌓아야 한다.

책을 통해 새로운 어휘를 익히는 것은 물론 특정 단어가 문장 속에서 다양하게 활용, 변용되는 사례를 충분히 경험해야 진짜 읽기 실력이 쌓인다. 이렇게 어휘력을 단단히 다져야 글을 읽을 때 오독(誤讀)의 위험이 줄어든다. 또 내가 전달하고 싶은 생각, 표현하고 싶은 느낌을 정확히 글로 옮겨 쓸 수 있다.

책을 읽다 교훈이 담긴 관용적 표현, 강조를 위한 역설법과 반어법을 발견하면 아이가 이해할 수 있도록 충분히 의미를 설명해주자. 인물들의 복잡 미묘한 심리가 어떻게 표현됐는지, 함축과 반전의 효과는 어떻게 일어나는지 아이가 제 스스로 파악할 때까지 함께 읽으며 짚어주자.

소년의 관심을 끌기 위해 닭싸움까지 벌이는 점순이의 행동을 '마름 집 딸의 갑질 사건'으로 단정하고 분개한다면 아이는 문학 시간마다 어리둥절한 표정을 지을 수밖에 없다. 현진건의 『운수 좋은 날』은 또 어떤가. 아이가 글을 읽고 엉뚱한 의미로 해석하는 일이 없도록, 부모는 아이와 함께 책을 읽고 꾸준히 대화를 나누며 글자 속 숨은 의미를 찾아나가야 한다. 함께 읽기는 초등생 아이에게 부모가 줄 수 있는 최고의 선물이다.

신박한 패러디의 묘미, '놀부에게 떡을 판 만복이'

책을 읽다 보면 비슷한 구조를 가진 이야기들을 발견하게 된다. 『엄마 자판기』와 『아빠 자판기』(조경희, 노란돼지, 2021)도 이야기 구조가 완전히 똑같은 쌍둥이 책이다. 엄마, 아빠와 신나게 놀고 싶은 아이의 바람을 원하는 대로 뽑을 수 있는 '자판기'에 투영시킨, 깜찍한 그림책이다.

책을 읽고 나면 '나도 특별한 자판기를 갖고 싶다'는 생각이 머릿속에 가득 찬다. 동물을 좋아하는 둘째 역시 책을 읽자마자 '반려동물 자판기'를 그리고 새로운 이야기를 완성했다(글쓰기 시간도 아닌데 자발적으로!). 여러 동물의 특징을 조합해 자기가 원하는 동물을 창조할 수 있는 이색 자판기 이야기였다.

이처럼 재미있는 설정, 독특한 발상은 아이들의 창작욕에 불을 댕긴다. 『해리 포터』 시리즈처럼 환상적인 이야기, 『빨간머리 앤』처럼 공감 가는 이야기일수록 '나도 이런 글을 쓰고 싶다'는 강렬한 욕망이 일어난다. 아이의 심장을 뛰게 하는 작품을 만났다면 만사 제쳐두고 글쓰기를 시작하자. 원작을 뼈대 삼아 내 이야기를 만들어나가면 그럴싸한 동화 한 편이 완성된다.

글쓰기가 즐거워지는 강력한 패러디의 힘

『마법의 설탕 두 조각』처럼 부모를 골탕 먹이는 이야기를 읽고 나면 아이들은 저도 모르게 부모를 응징할 수 있는 기상천외한 방법을 떠올린다. '빗물 거리의 요정'을 분식집 사장님으로, '마법의 설탕 두 조각'을 떡볶이와 순대로 치환하며 엄마 아빠를 위한 완벽한 함정을 설계한다.

엄청난 글짓기 능력을 가진 요술 연필(『빨강 연필』, 신수현, 비룡소, 2011), 원하는 대로 몸을 바꿀 수 있는 돌(『당나귀 실베스터와 요술 조약돌』, 윌리엄 스타이그, 다산기획, 2000)처럼 신비한 물건을 손에 넣는 이야기도 짜릿하긴 마찬가지다. 아이들은 저마다 '답이 보이는 안경', '시간을 되돌리는 시계'를 떠올리며 전지전능한 신이 된 듯 열성적으로 이야기를 쏟아낸다. 패러디(원작을 살짝 비틀어 새로운 이야기를 만들어내는 표현 형식)는 아이들에게 이제껏 몰랐던 창작의 기쁨을 일깨워준다.

자칫 지루할 수 있는 학습 내용도 패러디를 활용하면 재미있는 이야기로 변신한다. 실제 교과서에도 이야기를 통해 학습 내용을 익히게 하는 쓰기 활동이 포함돼 있다. 학습에 이야기를 접목시키면 아이들이 더 쉽고 재미있게 개념과 원리를 이해하기 때문이다. '정조대왕이 들려주는 정약용 이야기', '도도새가 알려주는 멸종 동물 이야기'처럼 학교에서 배운 내용을 이야기로 바꿔 쓰면 쓰는 재미도, 복습 효과도 배가 된다.

3학년 1학기 실험관찰 쓰기 활동

다음은 그리스 신화 「미다스의 손」 이야기의 일부입니다. [보기]에서 알맞은 말을 골라 이어지는 이야기를 상상해 써봅시다.

옛날에 미다스라는 왕이 살았다. 미다스 왕은 금을 매우 좋아했다. 그래서 디오니소스로부터 손에 닿는 모든 것을 금으로 변하게 만드는 능력을 받게 되었다.

[보기] 물질, 물체, 돌, 옷, 금, 쟁반, 나무, 물, 성질

미다스 왕이 갑자기 목이 말라 물을 마시려는데 손을 대자 물이 금이 되었어. 치우려고 쟁반을 잡았더니 쟁반도 금이 되었어. 미다스 왕에게 아들이 하나 있었는데 그 아들이 들어 온 거야! 미다스 왕은 너무 기뻐 아들을 안았는데 아들도 금이 되었지 뭐야.

미다스 왕은 너무 슬퍼 나무를 치며 울었어. 나무도 금이 되고 모든 게 금이

되었어. 미다스 왕이 신께 물었더니 물질과 물체의 성질에 대해 정확히 설명하면 모든 게 다시 돌아올 거라고 했어. 미다스 왕은 신이 시키는 대로 물체를 만드는 재료 '물질'과 옷 같은 '물체'에 대해 열심히 공부했지. 미다스 왕은 다시 행복하게 잘 살았대.

미다스 왕은 죽을 때까지 물질과 물체의 성질을 까먹지 않고 있었대. 또 그런 상황이 올지 모르니까!

_3학년, 둘째

나도 작가!
신박한 패러디의 묘미

서로 다른 이야기를 합쳐 완전히 다른 작품을 만들어낼 수도 있다. 예를 들어 『나무 그늘을 산 총각』(권규헌, 봄볕, 2018)과 『만복이네 떡집』을 재미있게 읽었다면 두 작품을 섞어 '부자 영감에게 떡을 판 만복이'란 새로운 이야기를 만들어낼 수 있다.

『나무 그늘을 산 총각』엔 욕심 많은 부자 영감이 나온다. 뜨거운 여름, 나무 그늘을 독차지하려던 부자 영감은 꾀 많은 총각에게 골탕을 먹고 혼쭐이 난다. 『만복이네 떡집』엔 심술쟁이 만복이가 등장한다. 미운 말, 나쁜 행동을 일삼던 만복이는 우연히 들어간 떡집에서 신비한 떡을 먹고 배려심 많은 아이로 변한다.

각기 다른 작품 속 개성 강한 주인공들을 불러 모으면 재미있는 이야기가 탄생한다. '옛 동네에서 도망치듯 떠난 부자 영감이 신비한 떡을 파는 만복이를 만난다면?' 상상에 상상을 더하면 그럴듯한 패러디 작품이 탄생한다. 그 부자 영감의 정체가 욕심쟁이 '놀부'였다는 '반전'을 추가하면 재미는 극대화된다.

위인의 특징을 주인공 캐릭터에 가미시킨 『사임 씨와 덕봉이』(김리리, 문학동네, 2016)처럼 역사적 인물이나 유명인사를 주인공으로 등장시킬 수도 있다. '로봇 태권V와 마징가Z'의 대결처럼, '자린고비와 스크루지의 짠내 대결'을 주제로 글을 쓸 수도 있다. '홍길동과 전우치가 싸우면 누가 이길까?'란 내용으로 대결 구도를 잡아 글을 쓰면 준비 단계부터 매우 흥미진진한 시간이 펼쳐진다.

이야기 일부를 차용하거나 주인공을 섞어 쓰려면 먼저 책 내용을 정확히 파악해야 한다. '섞어 쓰기' 전 각 이야기 속 인물의 특징, 중심 사건 등을 잘 정리해두면 탄탄한 내용과 독특한 접근이 돋보이는 글이 완성된다. 패러디 작품 쓰기는 아이들에게 '작가'가 되어보는 매우 신선한 경험이다. 아이가 책을 읽는 독자에 머무르지 않고, 이야기를 창조하는 작가로 거듭날 수 있도록 작품을 변주하는 연습을 자주 해보자.

One Point Lesson!

책을 읽을 때마다 주인공, 사건, 교훈을 각각 한 문장씩 적어 '세 줄 독서록'을 꾸준히 써보자. 자료가 모이면 연결고리가 있는 작품들로 패러디 작품을 쓸 수 있다.

1. 내가 쓰는 '新 금수회의록'
- 『토끼전』, 『두껍전』, 『장끼전』을 읽는다(동물이 주인공인 이솝우화도 좋다).
- 각 이야기에 등장하는 동물들을 불러 모아 회의를 연다.
- '생태계 파괴를 서슴지 않는 인간들, 이대로 괜찮은가'를 안건으로 상정한다.
- 각 동물의 캐릭터를 정하고 그에 맞게 대사를 상상해 쓴다.
- 동물들이 나누는 이야기를 정리해 '新 금수회의록'을 쓴다.

2. '엄스모(엄마 때문에 스트레스 받는 아이들의 모임)' 단톡방으로 모여라!
- 『잔소리 붕어빵』(최은옥, 푸른책들, 2014), 『저를 찾지 마세요』(박혜선, 좋은책어린이, 2014), 『엄마는 거짓말쟁이』(김리리, 다림, 2003), 『화해하기 보고서』(심윤경, 사계절, 2011)를 읽는다.
- 단체 메시지 창을 그리고 말풍선 포스트잇을 여러 개 붙인다.
- 엄마에게 왜 화가 났는지, 각 주인공의 사연을 포스트잇에 써 실제 친구들이 대화하듯 배열한다.
- 나도(아이) 주인공 중 한 명인 것처럼 엄마에 대한 불만을 적는다.
- 그 다음엔 각 주인공이 엄마에게 바랐던 점을 정리해 쓴다.
- 내가 엄마에게 바라는 점도 적는다.
- 주인공들과 작별 인사를 하고 마무리 짓는다.

3. 이야기 세상 속 '최고의 맛집'을 찾아라!
- 『한밤중 달빛 식당』(이분희, 비룡소, 2018), 『꼬르륵 식당』(윤숙희, 미래엔아이세움, 2019), 『시간을 굽는 빵집』(김주현, 노란상상, 2021), 『고민 식당』(이주희, 한림출판사, 2019)을 읽는다.
- 각 식당의 특징과 분위기, 메뉴를 비교해 정리한다.
- 음식 평론가가 되어 각 식당에서 추천하고 싶은 메뉴를 소개한다.
- 타당한 이유를 들어 최고의 맛집을 가린다.
- 마지막으로 각 식당에서 판매하면 좋을 만한 신메뉴를 추천한다.

체험보고서에 기행문 쓰기

아이들은 세상에 대한 호기심으로 가득 차 있다. 어마어마하게 큰 공룡 뼈를 어떻게 발굴해 복원하는지, 비행기처럼 육중한 이동 수단이 어떻게 하늘을 날아다니는지 아이들에게 세상은 궁금한 점 투성이다.

아이들의 지적 호기심을 채워주는 가장 완벽한 방법은 여행이다. 직접 보고 만지며 경험하게 하면 아이들은 훨씬 더 열정적으로 세상을 탐구한다. 온몸으로 즐기며 느끼는 순간, 몰입이 일어난다. 신나게 배우면 공부도 짜릿하다. 이렇게 체득한 지식은 쉽게 잊어버리지도 않는다.

아이가 책상 앞에 무기력하게 앉아 있다면, 체험 여행을 떠나보자. 숲과 바다, 박물관과 미술관은 그 자체가 살아 있는 교과서다. 체험하고 돌아온 날엔 호락호락하지 않던 글쓰기도 제법 쉽게 느껴진다. 여행 중 들은 것, 본 것, 먹은 것만 기록해도 백지가 금세 까맣게 채워진다. 앨범에 사진을 모으듯, 즐거웠던 여행을 글로 써 모으면 평생 꺼내볼 수 있는 소중한 추억이 된다.

읽고 떠나면 두 배로 즐긴다!
1년 열두 달 체험 여행

찾아보면 아이들과 함께 가 볼 만한 곳이 넘쳐난다. 3월에는 천안 독립기념관, 4월엔 숲 체험, 5월엔 어린이박물관, 6월엔 전쟁기념관 등 각종 기념일이나 국경일, 교과서를 따라 여행계획을 세우면 전국 방방곡곡을 두루 돌아볼 수 있다.

도시 전체가 거대한 박물관인 경주에 가면 천년 신라의 찬란한 역사가 보이고, 오죽헌에 서면 신사임당과 율곡 이이의 삶이 생생하게 떠오른다. 교과서에 나오는 유물과 유적지, 역사 속 인물의 흔적을 현장에서 직접 보고 느끼면 배움의 깊이가 달라진다. 책에서 봤던 조각이나 작품을 실물로 접하면 감동이 두 배로 커진다.

과학, 수학도 다르지 않다. 추상적인 개념과 원리를 박물관이나 체험관에서 온몸으로 뛰놀며 배우면 글자로만 익혔을 때보다 더 쉽게 느껴진다. 동식물의 생태, 절기별 세시풍속, 고장별 향토 음식에 대해서도 책

보다 체험이 더 많은 것을 가르쳐준다. 글자 그대로 '백문이 불여일견(百聞不如一見)'이다.

체험 여행을 떠나기로 했다면 관련 도서를 읽고 가는 게 좋다. 아는 만큼 보이고, 보고 온 만큼 기억에 남기 때문이다. 체험 현장에서도 안내 지도나 책자, 표지판 설명을 꼼꼼히 읽는 게 도움이 된다. 설명을 제대로 읽지 않으면 세계 구석기 역사를 다시 쓰게 한 전곡리 주먹도끼도 그저 돌덩이로밖에 보이지 않는다. 해설 프로그램이 개설돼 있다면 적극 이용하는 걸 추천한다. 해설사 선생님의 설명을 들으며 현장을 돌면 관련 지식을 100% 흡수하고 올 수 있다.

여행하며 얻은 안내 지도나 책자는 기행문, 일기, 설명문 등 향후 글을 쓸 때 요긴한 자료가 되므로 잊지 말고 챙겨오도록 한다. 각 기관 및 지역에서 발행한 안내 자료는 답사 계획 세우기, 고장 홍보 포스터 만들기 등 학교 과제를 할 때도 유용하게 활용되므로 버리지 말고 모아두자.

안내 책자와 직접 찍은 사진을 참고해 쓴 기행문

지난 주말 한국전쟁 71주년을 기념해 친구네 가족과 함께 서울 용산에 있는 전쟁기념관에 갔다. 먼저 옥외 전시장에 있는 탱크와 전투기를 둘러보고 장갑차 내부를 살펴봤다. 몇 대의 장갑차는 직접 안에 들어갈 수 있었는데 조종칸에 앉아 보니 좁고 딱딱해서 잠깐 앉아 있었는데도 삭신이 쑤셨다. 내가 장갑차를 몰고 울퉁불퉁한 전쟁터를 누비고 다녔다면 1시간도 못 버텼을 것 같다.

옥외 전시장을 둘러본 후 건물 안으로 들어가 6·25 전쟁실을 둘러보았다. 1관과 2관에는 북한군의 남침 배경부터 전쟁의 경과 및 정전협정 조인까지 6·25 전쟁의 전 과정을 전시해 놓고 있었다. 정전협정을 체결하는 장면을 마네킹으로 재현해놓은 전시물 앞에서 사진을 찍었다. 한국전쟁 당시 인천상륙작전을 성공시켜 전세를 뒤집은 맥아더 장군도 그 현장에 있었다는 걸 새롭게 배웠다.

그다음으로 3층에 있는 6·25 전쟁실 3관으로 이동했다. 3관에서는 한국전쟁으로 인해 최초로 결성된 UN군에 대한 전시가 열리고 있었다. 우리나라를 위해 싸우셨던 유엔 참전 용사들의 숭고한 희생정신을 기리는 공간이었다. 그곳에서는 실제 전쟁에 참전하셨던 분들의 인터뷰 영상을 볼 수 있었는데 "한국에 전쟁이 또 난다면 다시 도와주러 가겠다"는 할아버지의 말씀에 감사한 마음이 들었다.

책과 TV 화면으로만 보았던 전쟁의 참상을 직접 보고 나니 다시는 이 땅에 전쟁이 일어나선 안 된다는 생각이 들었다. 어떻게 하면 우리가 평화를 유지하며 살 수 있을지 미래 이 땅의 주인으로서 계속 고민해 봐야겠다.

_5학년, 첫째

쓰는 만큼 남는 여행의 추억

여행은 최고의 글감이다. 입이 떡 벌어질 만큼 아름다웠던 풍경, 평생 기억에 남을 만큼 짜릿했던 체험, 끝내주게 맛있었던 향토 음식 등 하나하나 기억을 더듬어 글을 쓰다 보면 까마득하게 느껴지던 한 페이지도 후딱 넘어간다. 글쓰기 시간마다 "쓸 게 없다"고 구시렁거리는 아이들에게 여행은 대체불가한 특효약이다.

학교 수업 대신 체험학습을 다녀온 경우엔 학교에 제출할 체험학습 보고서를 써야 한다. 어차피 써야 할 글이라면 '보여주기식'에 그치지 말고 기행문을 쓰는 기회로 삼아보자. 기억에만 의존해 글을 쓰면 자칫 어수선한 글이 될 수 있다. 체험학습을 떠나게 된 계기부터 보고 배운 점, 다녀온 후 느낀 점까지 '여정-견문-감상' 순으로 글을 쓰면 보다 짜임새 있게 내용을 정리할 수 있다.

현장에서 챙겨온 안내 책자와 직접 촬영한 사진을 참고하면 지식과 경험이 생생히 살아 있는 기행문이 완성된다. 인상 깊었던 체험이나 직접 보고 온 전시물 등 경험에 초점을 맞춰 구체적으로 묘사하면 가독성이 높아진다. 해설사 선생님께 들었던 설명이나 안내 표지판에서 봤던 기록 등을 글에 인용하면 현장감이 더욱 살아난다.

One Point Lesson!

현실적인 제약으로 여행이 불가능하다면 가상 현실(Virtual Reality) 기술의 도움을 받아보자. 온라인 예술 작품 전시 플랫폼 '구글 아트앤컬처(Art and Culture)'를 이용하면 각 나라 대표 명소와 박물관, 미술관 등을 직접 현장에 있는 것처럼 둘러볼 수 있다. 마음에 드는 곳을 골라 신나게 보고 즐긴 뒤 기행문을 쓰면 책만 읽고 썼을 때보다 더 흥미진진한 이야기를 쓸 수 있다.
많이 경험한 아이가 더 많은 것을 알게 된다. 많이 알면 알수록 세상에 대한 두려움은 줄고 자신감은 배가 된다. 자기가 직접 쓴 기행문이 하나씩 늘어날 때마다 아이는 더 큰 세상을 그리고 꿈꾸게 될 것이다.

글쓰기 레벨 업!

메타버스 게임 설명서

코로나19로 '비대면'이 새로운 기준이 된 요즘, 회사에선 메타버스(3차원 가상 세계)에서 업무 회의를 진행한다. 대학교 입학식도, 유명 가수의 콘서트도 메타버스에서 열린다. 초등학생들 사이에서도 마인크래프트, 로블록스 같은 메타버스 게임이 인기다. 전 세계 이용자들이 드나드는 가상 공간에서 아이들은 자신의 아바타로 분해 신비한 반려동물을 타고 다니며 친구들과 신나게 뛰어논다. 자기가 원하는 대로 세상을 창조할 수도 있다. 아이들에게 가상 세계는 현실의 확장판, 그 자체가 또 다른 하나의 세상이다.

윔피 키드 9 『가족여행의 법칙』(제프 키니, 푸른날개, 2015) 편에는 "학생은 자기 자신의 삶을 마음대로 결정할 수 없다"는 구절이 나온다. 아이들이라면 누구나 100% 공감할 말이다. 그래서일까. 누구의 간섭도 받지 않고 마음껏 활개 칠 수 있는 가상 세계에 아이들은 탐닉하듯 빠져든다.

게임을 아직 시작하지 않았다면 모를까. 한 번 맛을 본 아이는 쉽사리 게임 생각을 떨치지 못한다. 또래들 사이에서 하나의 놀이 문화로 자리잡은 게임을 덮어놓고 못 하게 할 수도 없는 노릇이다. 그렇다면 방법은 하나. 게임을 긍정적으로 활용하는 법을 찾는 것이다.

콘텐츠 기획부터 코딩까지 똑똑한 게임 활용법

온라인 학습에 익숙한 아이들에게 메타버스는 전혀 새로운 개념이 아니니다. 줌(ZOOM : 온라인 화상회의 플랫폼) 프로그램도 전문가 수준으로 잘 다룬다. 컴퓨터를 익숙하게 잘 다루는 아이에게 엄마 아빠를 위한 '줌 사용 설명서'를 부탁해보자. 접속 방법부터 문서 공유 방법까지 활용 가능한 기능들을 하나씩 정리하다 보면 한 편의 설명문이 완성된다.

'게이미키페이션(게임화 : 다른 분야에 게임과 같은 사고방식과 기법을 접목시키는 것)'을 위한 다양한 아이디어를 구상해볼 수도 있다. 사람들에게 운동을 장려하기 위해 '소리 나는 계단'이 고안된 것처럼, 집에서도 사칙연산을 연습할 수 있는 보드게임, 정확히 3분간 양치질을 할 수 있게 도와주는 '타이머 칫솔 세트' 등을 만들어볼 수 있다. 게임의 특성을 접목해 일상에 긍정적 변화를 유도하는 방법을 떠올려보면 아이들도 게임을 즉각적 만족을 주는 오락거리를 넘어 '삶의 가치를 더하는 도구'로 바라보게 된다.

게임 개발자가 되어보는 것도 좋은 경험이다. 게임을 즐기는 이용자의 관점에서 벗어나 개발자의 시각으로 콘텐츠의 질과 기능을 '업그레이드' 시켜보는 것. '나라면 캐릭터를 이렇게 바꾸겠다'거나 '보상 아이템에 ○○을 추가하겠다'는 식으로 아이디어를 적어나가면 닫혀 있던 생각 주머니를 콕콕 자극할 수 있다.

'엔트리', '스크래치 주니어' 등 코딩 프로그램을 이용해 간단한 게임을 설계해보는 것도 방법이다. 시중엔 초등학생도 쉽게 따라 할 수 있는 코딩 입문서가 다양하게 나와 있다. 게임 방법부터 배경 화면 및 음악, 캐릭터 설정에 이르기까지 코딩으로 직접 게임을 만들어보면 논리적 사고와 상상력이 자라난다.

글쓰기 레벨 업!
게임으로 갈래별 글쓰기

게임을 좋아하는 아이라면 글쓰기도 게임처럼 접근해보자. 어떤 글을 쓰느냐에 따라 '레벨 업'과 '아이템'이 결정된다면 지긋지긋했던 글쓰기도 심장 쫄깃한 게임처럼 느껴질 것이다. 아이가 중심문장과 뒷받침 문장을 엮어 문단을 구성했을 때, 맞춤법 실수 없이 모든 문장을 완성했을 때 빨간펜으로 '레벨 업'을 표시해주자. 짜증 한 번 부리지 않고 글 한 편을 써냈을 땐 "칭찬 아이템을 획득하셨습니다!"라고 경쾌하게 말해주자. 설령 그 아이템이 300원짜리 지우개라도 아이 얼굴엔 미소가 피어오른다.

게임을 글감 삼으면 다양한 글쓰기도 가능하다. 가장 손쉬운 방법은 게임을 소재로 한 책을 읽고 독서 감상문을 써보는 것. 『엄마는 게임 중독』(안선모, 스푼북, 2021)을 읽은 후엔 게임 중독의 심각성과 예방법에 대해 글을 써볼 수 있다. '중독'이란 단어가 갖는 의미를 떠올리며 게임 외에 초등학생들이 어떤 중독 현상들을 겪고 있는지 설명하는 글을 쓸 수도 있다.

『게임파티』(최은영, 시공주니어, 2013)를 읽고 나선 '초등학생들의 게임 문화'에 대한 신문 기사를 써볼 수 있다. '내가 게임을 할 수밖에 없는 이유'나 '친구와 함께 게임을 할 때 지켜야 할 예절'에 대해 타당한 근거를 들어 주장하는 글을 쓸 수도 있다. 『마지막 레벨 업』(윤영주, 창비, 2021)을 읽은 뒤엔 가상공간에서 친구를 사귀어본 경험에 대해 글을 쓰거나 대담한 모험을 펼친 주인공이 되어 뒷이야기를 상상해 쓸 수 있다.

게임을 글감 삼아 글쓰기

내가 창조한 메타버스 공간

미래 핵심 기술인 '메타버스'에 대한 기사를 읽었다. 메타버스란 '더 높은, 초월한'을 뜻하는 '메타'와 '세계'란 뜻의 '유니버스'가 합쳐져 만들어진 말로 현실 세계를 초월한 공간을 뜻한다. 온라인 속 3차원 입체 가상 세계에서 사람들이 아바타의 모습으로 소통하고 돈을 벌거나 쓰는 곳이다.

내가 만약 새로운 메타버스 공간을 창조한다면 사람들이 각 공간에 원하는 건물을 지을 수 있도록 마을을 만들고 싶다. 사람들이 모여 토론해 지을 건물을 결정하고 재료를 모아 협력해 세상에 없는 창의적인 건물을 쌓아 올린다. 그러는 과정에서 다양한 친구를 사귈 수 있고 자신의 생각을 뽐낼 수 있다.

이렇게 만들어진 건축물은 전 세계 사람들이 이용할 수 있다. 사람들은 만들어진 온라인 공간에서 함께 공부하고 운동도 하며 새로운 인간관계를 형성해 나갈 것이다.

_5학년, 첫째

'내가 창조하고 싶은 메타버스 공간', '내 아바타 소개하기' 등 자기 경험과 생각을 바탕으로 글을 쓸 수도 있다. 메타버스 게임 설명서를 작성해보는 것도 방법이다. 종류별 게임 규칙과 특징을 하나씩 글로 정리하는 일은 생각보다 만만치 않은 작업. 하지만 게임 좋아하는 아이에겐 이보다 더 즐거운 글쓰기는 없다.

게임하는 아이 때문에 갈등이 끊이지 않는다면 대화를 통해 게임 규칙을 정하고 글로 써 붙여놓자. 아이에게 하루 동안 얼마나 오래 게임을 했는지, 어떤 게임을 했는지, 게임하고 난 후 느낌은 어떤지 '게임 일기'를 쓰게 하는 것도 방법이다. 게임이 거스를 수 없는 대세가 된 요즘, 부모가 생각의 틀을 바꿀 필요도 있다. '물이 절반밖에 남지 않았네'와 '물이 반이나 남았네'는 천양지차다. "허구한 날 게임이야!"라고 혼내기보다 "오늘은 게임하고 어떤 글을 쓸까?"라고 물어봐 주자. 아이는 엄마 아빠가 '게임 때문에 분노하는 부모'가 아니라 '게임으로 소통하는 부모'란 사실에 감동할지도 모른다.

One Point Lesson!

게임은 운동, 여행처럼 여가를 즐기는 하나의 방식으로 자리 잡았다. 구글, 아마존, 페이스북 등 세계 굴지의 기업들도 앞다퉈 게임 시장에 뛰어들고 있는 추세다. 게임은 다양한 능력을 가진 사람들의 협업으로 만들어진 '작품'이다. 게임기획자는 물론 캐릭터 디자이너, 시나리오 작가, 보안 엔지니어에 이르기까지 다양한 직군의 사람들이 함께 모여 공동 작업을 진행한다. 아이가 게임을 좋아한다면 진로 교육의 관점에서 게임을 탐구해보자. 게임 회사, 게임 산업에 대해 구체적으로 조사하다 보면 아이가 미래 진로에 대한 명확한 목표를 갖게 될지도 모른다.

오늘은 평론가, 제 별점은요?

일상에서 아이들은 평가를 '받는' 위치에 자주 놓인다. 학교에선 더욱 그렇다. 받아쓰기 시험이나 수학 단원 평가는 어쩔 수 없다 해도 리코더를 불 때, 미술 작품을 그려낼 때도 잘하고 못하고를 평가받는다. 가장 즐겁다는 체육 시간에도 달리기는 순위가, 줄넘기는 개수가 매겨진다.

평가를 받기만 하던 아이들에게 반대로 평가를 하도록 요청하면 재미있는 일이 벌어진다. 입을 꾹 다물고 있던 아이는 말이 많아지고, 쓰지 않고 버티던 아이는 쉴 새 없이 손을 움직인다.

저녁엔 음식 평론가
주말엔 영화평론가

일상에서 아이들이 쉽게 평가할 수 있는 대상은 음식이다. 삼시 세끼에 간식까지 매우 자주 음식을 먹는 데다 집밥에 외식, 급식까지 다양한 음식을 먹고 비교할 수 있으니 음식 평론가로 활약할 수 있는 매우 유리한 위치에 있는 셈이다.

아이에게 '맛 칼럼니스트'란 타이틀을 내리고 오늘 먹은 급식이나 저녁 반찬에 대해 음식 칼럼을 쓰게 해보자. '맛있다', '맛없다' 수준에서 벗어나 식재료의 질감부터 모양, 맛, 다른 음식과의 조화까지 다양한 관점에서 평가하도록 하는 게 핵심. 진짜 맛 칼럼니스트가 쓴 기사를 보여주고 참고해 쓰게 하면 아이들도 제법 그럴싸한 문장들을 만들어낸다.

주말엔 온 가족이 함께 영화를 보고 영화 평론을 써보자. 영화의 주제나 스토리를 간단히 소개하고 추천하고 싶은 또는 비판하고 싶은 이유를 적으면 된다. 영화 정보는 인터넷 검색을 통해 정확하게 기록한다. 실감 나는 컴퓨터 그래픽, 배우들의 열연, 감동적인 배경음악처럼 글에 구체적인 내용이 담겨 있어야 읽고 싶은 글이 된다. 감명 깊었던 장면이나 대사도 함께 적는 게 좋다.

영화 평론 쓰기

영화 제목 : 〈히든 피겨스(Hidden Figures)〉

지난 일요일 아침 가족과 함께 영화 〈히든 피겨스〉를 보았다. 흑인이라는 이유로 차별받지만 사회적 제한에 굴복하지 않고 나아가는 세 여성의 이야기다.

이 영화는 실존 인물인 수학자 캐서린 존슨, 프로그래머 도로시 본, 여성 최초 NASA 엔지니어를 꿈꾼 메리 잭슨의 이야기다. 실제 이야기를 영화로 만든 것이라 더 감동적이었다. 책에서만 보던 미국과 러시아의 우주 개발 전쟁을 영상으로 볼 수 있어서 더 흥미로웠다.

이 영화를 보고 인종 차별이 얼마나 나쁜 것인지 다시금 깨닫게 되었다. 또 영화 속 주인공들처럼 나에게 시련이 닥치더라도 포기하지 않고 실력을 쌓기 위해 노력해야겠다고 생각했다. 기회는 꼭 찾아온다는 걸 알게 됐기 때문이다.

별점 : 4.5점

인상 깊었던 대사 : "No more colored restroom. No more white restroom. We all pee the same color."

_5학년, 첫째

독서 감상문 말고 서평

'작가의 말'에 부치는 '독자의 말'

매일 쓰는 독서 감상문에서 벗어나 도서 평론가처럼 서평 쓰기에 도전해보는 것도 좋다. 서평은 말 그대로 책을 평가하는 글. 느낀 점 위주로 쓰는 독서 감상문에 비해 상대적으로 객관적인 정보를 다룬다.

먼저 책의 표지나 이야기 구성, 삽화의 특징 등 책에 대한 기본적인 정보를 쓴다. 책의 크기나 독특한 질감, 책의 두께 등에 대해서도 설명할 수 있다. 작가의 이력을 소개해도 좋다. 여기에 이 책을 추천하는 이유와 자기가 느낀 감상평을 덧붙이면 핵심 정보가 빠짐없이 들어 있는 서평이 완성된다. 초등 고학년이라면 독서록, 독서 감상문과 함께 서평 쓰기에 도전해보자.

책에 실려 있는 '작가의 말'을 읽고 '독자의 말'을 써보는 것도 재미있는 활동이다. '작가의 말' 속엔 작가가 왜 이 이야기를 쓰게 됐는지, 어떤 점을 강조하고 싶었는지, 이 책을 읽는 독자에게 어떤 점을 바라는지 등 작가의 속마음이 여실히 드러나 있다.

같은 형식으로 어떤 계기로 이 책을 읽었는지, 작가가 강조했던 내용에 독자로서 공감이 잘 됐는지, 작가가 의도했던 대로 내 생각과 태도가 달라졌는지 작가에게 보내는 답장처럼 '독자의 말'을 써볼 수 있다. '작가의 말'을 기준으로 책을 읽고 그에 대한 답변을 작성하면 책 내용을 더 깊이 이해할 수 있을 뿐 아니라 참신한 내용의 감상문을 쓸 수 있다.

One Point Lesson!

어린이를 대상으로 한 이야기책들은 대부분 '순한 맛'을 표방한다. 친구와 싸운 이야기로 우정의 의미를, 문방구에서 훔친 지우개를 놓고 정직의 가치를 논한다. 다수의 작품이 일상적 소재를 통해 규칙의 필요성, 관계의 중요성 같은 교훈적 메시지를 솜씨 좋게 전달한다. 그런데 개중엔, 아이들에게 통쾌한 카타르시스를 안겨주는 '사이다' 같은 작품도 있다.

대표적인 예가 『나쁜 어린이 표』(황선미, 이마주, 2017)다. 주인공은 선생님이 잘못한 아이에게 '나쁜 어린이 표'를 주듯, 선생님의 행동에 문제가 있다고 느낄 때마다 몰래 수첩을 꺼내 '나쁜 선생님 표'를 작성해나간다. 『마틸다』(로알드 달, 시공주니어, 2018)의 주인공은 어리다는 이유로 아이들을 무시하고 탄압하던 교장 선생님을 아예 학교에서 추방해버린다. 이런 책들을 읽으면 아이들은 가슴이 뻥 뚫리는 듯한 짜릿함과 통쾌함을 느낀다.

종종 아이들에게 어른과 사회를 비판할 기회를 주자. 청소년 환경 운동가 그레타 툰베리가 유엔에서 했던 연설처럼, 일리 있는 아이들의 주장엔 귀를 기울여주자. 아이가 코끝이 얼얼할 정도로 '매콤한 글'을 써왔다면 글 실력이 무르익었다는 증거. 목소리 높여 싸우기보단 자기 생각을 글로 써 주장했다는 점을 칭찬해주자. 이렇게 글쓰기의 주도권을 아이에게 넘겨주면 탁구공처럼 이리저리 치이기만 하던 아이도 활력을 되찾는다. 글쓰기의 카타르시스를 맛본 아이는 자연스레 글쓰기를 즐기기 시작한다. 가끔은 글감과 형식뿐 아니라 관점과 위치를 바꿔 글을 쓰게 해주자.

생존 쓰기 Level UP ↑

짧은 글을 쭉쭉 늘리는 신묘한 비법

글은 양보다 질이 중요하다. 하지만 글이 지나치게 짧으면 의도했던 메시지를 충분히 전달하기 힘들다. 논리적으로 탄탄하면서도 양적으로도 충실한 글을 쓰고 싶다면 다음 사항들을 참고하자.

1. 개요를 짜자

고학년으로 갈수록 설명문, 논설문, 기행문 등 글쓰기의 난도도 높아진다. 이런 글들은 짜임상 세 문단 이상으로 구성된다. 장거리 여행을 떠나기 전 어떤 경로로 목적지에 도착할지 미리 확인해보는 것처럼, 긴 글을 쓰기 전엔 어떤 문장들을 거쳐 마지막 마침표에 이를지 개요를 작성하는 게 도움이 된다. 미리 글의 뼈대를 세워두면 꼭 써야 할 말을 빠뜨리거나 불충분한 내용으로 글이 엉성해지는 문제를 막을 수 있다.

개요를 짤 땐 글의 짜임을 고려한다. 설명문이나 논설문이라면 처음(서론)-가운데(본론)-끝(결론)으로, 기행문이라면 여정-견문-감상 순으로 나누고 쓸 내용을 간략히 정리한다. 각 문단의 분량이 균형을 이루도록 개요를 짤 때 내용을 적절히 안배하는 게 중요하다. 자료 조사를 통해 각 문단에 적절한 설명이나 예시를 덧붙이면 분량을 충분히 채울 수 있다.

개요를 짤 때 반드시 표를 그리거나 완성된 문장으로 정리해야 하는 건 아니다. 표든, 생각 그물이든 자기가 편한 방식을 택하면 된다.

2박 3일 통영 여행에 대한 기행문 개요

＊여정
1문단 : 출발 당일 날씨, 이동 수단, 여행에 함께 한 친구 가족, 출발 전 느낌
＊견문
2문단 : 첫째 날 - 통영국제음악당, 통영수산과학관→새로 배운 점, 신기했던 점
3문단 : 둘째 날 - 이순신 공원, 동피랑 벽화마을, 바다 수영→인상 깊었던 경험
4문단 : 셋째 날 - 루지 체험, 맛집 투어, 집 도착→첫 레포츠 체험에 대한 소감
＊감상
5문단 : 여행에 대한 전반적인 소감, 가장 재미있었던 일, 다시 통영에 간다면 꼭 하고 싶은 일

2. 대화를 100% 활용하자

어떤 날은 대화 자체가 중요한 '사건'이 될 때가 있다. 친구에게 비밀 이야기를 전해 들은 날, 말 한마디 때문에 선생님께 크게 혼난 날, 깜짝 놀랄 소식을 들은 날. 그런 날엔 말하듯 글을 써보자. 상대와 나눴던 대화를 글에 고스란히 옮겨놓으면 이야기가 더 진정성 있게 다가온다. 대

화체로 글을 쓰면 속도감 있게 읽힐 뿐 아니라 분량을 쭉쭉 늘리는 데도 도움이 된다.

대화체를 이용한 일기 예시

아빠가 회식 때문에 늦게 들어오셨다. 아빠는 들어오시자마자 쇼파에 앉아 오빠에게 안마를 해 달라고 하셨다. 오빠가 도망가자 아빠가 큰 소리로 말씀하셨다.

"아빠 안마해줄 사람? 아빠 안마해주는 사람한테 선물 줘야겠다!"

내가 얼른 가서 아빠 어깨를 주물러 드렸다.

"역시 우리 딸밖에 없어! 오빠는 땡이야, 땡!"

"아빠 그럼 나 크리스마스 선물 두 개 받아도 돼요?"

"무슨 선물이 받고 싶은데?"

"OO 시리즈 중에 사고 싶은 게 두 개 있는데."

"당연하지! 아빠가 주문해줄게!"

"진짜죠? 약속했어요!"

나는 더 정성스럽게 아빠에게 안마를 해드렸다. 평소 안 하던 팔, 다리까지 다 해드렸다.

아빠가 까먹을까 봐 일기장에 써 놓는다. 나중에 하나만 고르라고 하시면 보여 드릴 거다.

3. '꾸며주는 말'을 넣어보자

쓰기에 익숙지 않은 아이들은 '나는 숙제를 했다'처럼 간단한 문장을 쓰고 더 쓸 게 없다고 말한다. 지나치게 간단한 문장은 밋밋하고 불충분한 느낌을 준다. 문장을 구성하는 각각의 낱말에 꾸며주는 말을 덧붙이면 구체적인 정보가 담긴 친절한 글이 완성된다.

'나'라는 주인공엔 '머리가 아픈', '놀고 싶은' 같은 추가 정보를 덧붙일 수 있다. '숙제' 역시 영어 숙제인지, 일주일 동안 미뤘던 숙제인지 더 구체적으로 서술할 수 있다. '했다'라는 서술어도 꾸물거리며 했는지, 대충대충 했는지, 친구와 영상통화를 하며 즐겁게 했는지 생생하게 묘사할 수 있다. 이렇게 꾸며주는 말을 적절히 활용하면 밋밋했던 글도 읽는 재미가 있는 화려한 글로 변신한다.

주어 묘사하기 예시

나는 숙제를 했다.

→ 머리가 아팠던 나는 그래도 끝까지 숙제를 했다.

→ 놀고 싶었던 나는 먼저 놀이터에서 한 시간 동안 놀고 숙제를 했다.

목적어 꾸미기 예시

나는 숙제를 했다.

→ 나는 내가 가장 싫어하는 수학 숙제를 했다.

→ 나는 일주일 동안 미뤄뒀던 영단어 쓰기 숙제를 했다.

서술어 구체화 하기 예시

나는 숙제를 했다.

→ 나는 숙제를 꾸물거리며 밤늦게까지 했다.

→ 나는 숙제를 친한 친구와 영상통화를 하며 반씩 나눠서 했다.

4. 궁금증 없는 글을 만들자

아이들이 쓴 문장을 살펴보면 주어나 목적어 등 주요 문장 성분이 빠져 있는 경우가 적지 않다. '누가 무엇을 어떻게 했는지' 구체적으로 적게 하면 문장이 알차지고 비문도 사라진다.

대상을 설명할 때도 막연한 표현은 삼가는 게 좋다. '깍두기가 맛있었다'보다 '매콤한 깍두기 덕분에 밥을 한 그릇 더 먹었다'가, '문제가 어려웠다'보다 '다섯 번이나 틀린 뒤 겨우 답을 알아냈다'가 피부에 더 와닿는다.

글을 완성한 다음엔 다시 한 번 읽어보며 읽는 사람이 궁금해할 부분은 없는지 확인하는 게 바람직하다. '어제 학교에서 불이 났다'고 쓰면 독자는 언제, 왜 불이 났는지 궁금해지기 마련이다. '어젯밤 10시쯤 학교 강당에서 불이 났는데, 선생님도 원인은 아직 모른다고 하셨다'고 써야 의문이 생기지 않는다. 아이가 글을 완성하면 함께 읽어보며 궁금한 점을 물어보자. 설명이 불충분했던 부분을 보강하면 분량도 정보도 탄탄한 글이 완성된다.

불충분한 문장 보강하기 예시

젖 먹던 힘까지 끌어모아 바통을 잡고 달렸다.

└→'주어'와 '달리기를 한 이유' 넣기

→나는 우리 반 대표로 계주 선수에 뽑혀 젖 먹던 힘까지 끌어모아 바통을 잡고 달렸다.

컵라면이 너무 뜨거워서 더 기다렸다.

└→얼마나 뜨거웠는지 생생히 묘사하기

→김이 폴폴 올라오는 컵라면이 너무 뜨거워서 더 기다렸다.

은지는 연극에서 친구를 위해 좋은 역할을 양보했기 때문에 훌륭하다고 생각한다.

└→궁금증이 생길 법한 부분에 정보 채워 넣기

→은지는 『심청전』 연극에서 심청이 역할을 하고 싶어 하는 민지를 위해 역할을 양보했다. 자기도 심청이 역할이 하고 싶었을 텐데 친구에게 양보한 은지의 모습이 훌륭하다고 생각한다.

5. 강력한 '한 방' 보태기

속담이나 명언, 책에서 끌어다 쓴 인용구는 짧지만 강렬한 인상을 준다. 내 생각을 연거푸 강조할 때보다 속담이나 명언으로 대신했을 때 더 극적인 효과를 노릴 수 있다. 풍자와 해학이 담긴 표현이나 재치 넘치는 문장의 속뜻을 내 글과 관련지어 해석해주면 분량도 자연스럽게 늘어난다. 글쓰기에 활용할 수 있는 명언, 책을 읽다 감동을 주는 문장을 발견했다면 그냥 넘기지 말고 따로 적어두자. 수집해놓은 문장들은 글을 쓸 때마다 두고두고 활용할 수 있는 좋은 자료가 된다.

명언을 활용한 글쓰기 예시

많은 사람들이 다양한 이유로 난민이 되어 세계를 떠돈다. 그들은 살아남기 위해 목숨을 걸고 국경을 넘는다. 그런데 '난민'이라고 하면 대부분의 사람들이 정치 난민, 피난민, 차별, 박해, 보트 피플 등 부정적인 단어를 떠올린다. 실제로 적지 않은 사람들이 '잘 모른다'는 이유만으로 난민들을 배척하고 무시한다.

도움이 필요한 사람들을 이유 없이 비하하고 손가락질해선 안 된다. 난민을 잠재적 사회 불안 요인이 아닌, 따뜻한 쉼터와 먹을 것이 필요한 '손님'으로 바라보자. 우리도 한국전쟁 당시 피란민으로 고통받던 시절이 있었다. 당시 세계 여러 나라가 보내 준 조건 없는 도움이 없었다면, 지금의 우리도 존재하지 않을 것이다.

영국의 총리 윈스턴 처칠은 '우리는 나눔으로 인생을 만들어간다'고 말했다. 난민을 돕는 일은 삶의 가치를 높이는, 우리 스스로를 위한 일이기도 하다. 우리나라를 찾은 난민을 따뜻하게 대해주자. 우리 집을 방문한 손님처럼 그들의 목소리에 귀 기울이고 작은 정성이라도 베풀어 보자.

Chapter 7.

초등 생존 쓰기 6단계
: 글쓰기의 고수가 되어보자!

술술 읽히는 글이 잘 쓴 글이다

슬기로운
글쓰기 탐구 생활

피아노를 배우는 아이가 연주 연습을 하며 이론 공부를 병행하듯 글쓰기에도 약간의 공부가 필요하다. 틀리기 쉬운 '함정' 같은 규칙들이 글을 쓸 때마다 번번이 아이들의 발목을 붙잡기 때문이다.

아이들이 가장 많이 틀리는 건 맞춤법이다. 저학년의 경우 '가방을 드러주었다', '갑짜기 배가 아팠다'처럼 소리 나는 대로 적는 경우가 많다. 받침 오류도 빈번하다. '밝은', '괜찮아' 같은 겹받침은 늘 아이들을 헷갈리게 한다. 이런 실수들은 단번에 고쳐지지 않는다. 독서와 쓰기 훈련을 병행하며 시간을 두고 꾸준히 익혀나가야 한다.

길고 복잡한 문장을 구사하는 고학년은 주어와 서술어의 호응에 신경 써야 한다. 문장이 길어질수록 주어와 서술어가 따로 놀기 쉽다. 문장 성분 중 일부를 빠뜨려 비문을 쓰는 경우도 적지 않다. 문장 길이에 상관없이 자유자재로 글을 쓸 수 있을 때까진 단문으로 짧게 끊어 쓰는 연습을 하는 게 좋다.

완벽한 문장을 위한 바른말 카드

초등 저학년 아이들은 글쓰기 경험이 절대적으로 부족하다. 그러다 보니 일상생활에서 자주 쓰는 단어도 틀리게 적는 경우가 많다. '아빠가 시킨 짜장면 곱배기(→곱빼기)가 금새(→금세) 불었다'처럼 정확한 표기를 몰라 실수하는 경우가 대부분이다. 아이가 자주 틀리거나 헷갈려 하는 단어는 카드를 만들어 글을 쓸 때마다 참고하도록 하는 게 좋다.

초등 저학년, 고학년 할 것 없이 자주 틀리는 '마(魔)의 단어들'도 있다. 평소 자주 쓰는 말이지만 발음이 비슷해 잘못 사용하는 경우다. '들리다(병에 걸리다, 귀신이나 넋 따위가 덮치다)'와 '들르다(지나는 길에 잠깐 들어가 머물다)', '띠다(감정이나 기운 따위를 나타내다)'와 '띄다(눈에 보이다)'가 대표적인 예. 이런 단어들은 뜻이 완전히 달라 잘못 썼을 경우 엉뚱한 문장이 되고 만다. 혼동하기 쉬운 단어를 발견할 때마다 예문과 함께 적어두면 실수를 확실히 줄여나갈 수 있다.

'자주 틀리는 맞춤법' 카드 만들기

→ 틀린 단어에 표시를 해두고 올바른 표기법을 눈에 띄게 적어 둔다.

X	O
몇일 동안 학교에 안 갔다.	며칠
구지 엄마한테 이를 게 뭐람.	굳이
눈꼽이 덕지덕지 붙은 채로	눈곱
애기처럼 구는 수민이가 미웠다.	아기
어제밤에도 귀신 꿈을 꾸었다.	어젯밤
오랫만에 운동장에서 신나게 뛰어놀았다.	오랜만
네가 꼭 반장이 되길 바래.	바라
오늘따라 웬지 자꾸 하품이 나왔다.	왠지

'혼동하기 쉬운 단어' 카드 만들기

→ 집에 있는 국어사전을 찾거나 국립국어원 표준국어대사전을 검색해 그때그때 단어 뜻을 정리해두는 게 좋다. 혼동하기 쉬운 단어가 한두 개가 아닌 만큼 꾸준히 기록하며 실력을 쌓아 나가야 한다.

아이스크림이 금세 녹았다. ↳ 지금 바로	그새 손톱이 자라 까만 때가 끼었다. ↳ '그사이'의 준말
사과 껍질까지 다 먹어버렸다. ↳ 물체의 겉을 싸고 있는 단단하지 않은 물질.	조개껍데기에 손을 다쳤다. ↳ 달걀이나 조개 따위의 겉을 싸고 있는 단단한 물질
간간이 개 짖는 소리가 들렸다. ↳ 시간적인 사이를 두고서 가끔씩	간간히 무친 시금치 나물이 맛있었다. ↳ 입맛 당기게 약간 짠 듯이
종이로 접은 꽃을 스케치북에 붙였어. ↳ 붙이다 / 맞닿아 떨어지지 않게 하다.	처음으로 편지를 부쳐보니 신기했어. ↳ 부치다 / 편지나 물건 따위를 일정한 수단이나 방법을 써서 상대에게로 보내다.
흥! 이제야 본색을 드러내는군. ↳ 드러내다 / 가려 있거나 보이지 않던 것을 보이게 하다.	썩은 식물들을 교실 밖으로 들어냈어. ↳ 들어내다 / 물건을 들어서 밖으로 옮기다.
초대할 친구를 늘렸더니 엄마가 깜짝 놀라셨다. ↳ 늘리다 / 수나 분량 따위를 본디보다 많아지게 하거나 무게를 더 나가게 하다.	키가 커서 엄마가 바지 길이를 늘여 주셨다. ↳ 늘이다 / 본디보다 더 길어지게 하다.
친구가 운동화 끈을 매주었다. ↳ 매다 / 끈이나 줄 따위의 두 끝을 엇걸고 잡아당기어 풀어지지 아니하게 마디를 만들다.	억울해서 목이 메었지만 아무렇지 않은 척 가방을 메고 나왔다. ↳ 메다 / 뚫려있거나 비어 있는 곳이 막히거나 채워지다. 어깨에 걸치거나 올려놓다.
시험문제를 다 맞혀 선물을 받았다. ↳ 맞히다 / 문제에 대한 답을 틀리지 않게 하다.	퍼즐을 맞추다 보니 시간 가는 줄 몰랐다. ↳ 맞추다 / 서로 떨어져 있는 부분을 제자리에 맞게 대어 붙이다.

문장 호응도 아이들이 어려워하는 부분 중 하나다. 말하듯이 글을 쓰면 '엄마 아빠는 영화, 나와 동생은 노래를 불렀다'처럼 주어와 서술어를 뭉뚱그려 쓰기 쉽다. '엄마 아빠는 영화를 보셨고 나와 동생은 노래를 불렀다'처럼 주어와 서술어를 각각 대응시켜 서술하도록 짚어줄 필요가 있다. 실수가 계속된다면 주어 하나에 서술어 하나로 구성된 단문으로 글쓰기 연습을 하는 게 좋다. '결코~아니다', '비록~ㄹ지라도'처럼 항상 함께 다니는 호응 표현 역시 정확히 구사할 수 있도록 신경 써야 한다.

서술어가 오락가락하는 경우도 많다. '나는 ~했다'로 시작했던 문장이 다음 줄에선 '했습니다'로, 또 그다음 줄에선 '한다'로 변화무쌍하게 바뀌는 경우다. '했다'든 '했습니다'든 한 가지로 일괄되게 써야 글에 통일감이 생긴다.

완벽한 글을 위한 퇴고의 기술

글쓰기를 마쳤다면 다시 읽어보며 다듬는 과정, 퇴고를 거쳐야 한다. 퇴고는 글의 완성도를 높이는 가장 중요한 작업이다. 틀린 부분은 없는지, 어색한 표현은 없는지 여러 번 읽고 확인해야 비로소 글을 완성했다고 볼 수 있다.

퇴고를 할 땐 맞춤법이나 문장부호, 띄어쓰기 같은 기본적인 사항들을 우선 점검한다. 지나치게 긴 문장은 두 문장으로 나눠 글의 호흡을 조절하고 앞 문장과 뒷 문장을 연결하는 접속사가 어색하지 않은지 확인한다.

한 문장 안에 같은 단어가 두 번 이상 들어간 경우엔 유의어로 바꿔 쓴다. 같은 단어가 여러 문장에 걸쳐 반복 사용돼도 글이 지루해 보일 수 있으므로 적절한 표현으로 풀어 쓴다. 퇴고는 불필요한 내용을 지우는 과정이기도 하다. 아무리 잘 쓴 문장이라도 주제와 관련 없는 내용은 과감히 삭제하는 게 바람직하다.

One Point Lesson!

아이들에게 맞춤법만큼 까다롭게 느껴지는 건 띄어쓰기다. 어떤 단어는 붙여 쓰고, 어떤 단어는 띄어 쓰는지 정확히 배우고 연습할 기회가 좀처럼 없기 때문이다. 띄어쓰기를 잘못하면 '막 차가 떠났어'와 '막차가 떠났어'처럼 의미가 완전히 다른 문장이 된다. 아이가 글을 통해 자기 생각을 정확히 전달할 수 있도록 자주 확인하고 설명해주는 게 좋다.

띄어쓰기의 가장 기본적인 규칙은 '문장의 각 단어는 띄어 쓴다'는 것이다. '솔직한 마음', '웅장한 성'처럼 꾸며주는 형용사와 명사는 띄어 쓰는 게 원칙이다. '빨리', '더디게'처럼 동작을 꾸며주는 부사 역시 띄어 쓴다. '이 책', '저 학교'처럼 특정 대상을 가리킬 때 쓰는 '이', '그', '저'와 맨 처음을 나타내는 '첫'(첫 문장), 얼마만큼의 수를 나타내는 '몇'(사탕 몇 개)도 꼭 띄어 쓴다. '왜냐하면'과 붙어 다니는 '때문'(숙제 때문에) 역시 앞 명사와 띄어 써야 하는 표현이다.

반대로 꼭 붙여 쓰는 경우도 있다. '코끼리가', '동물원에서', '먹이를'처럼 '가', '에서', '을' 등의 조사는 명사와 꼭 붙여 쓴다. '~부터'(오늘부터), '~처럼'(강아지처럼), '마다'(일

요일마다) 역시 앞에 나오는 명사와 붙여 쓴다.

일부 표현은 문장 내에서 어떻게 쓰이느냐에 따라 붙여 쓸 수도, 띄어 쓸 수도 있다. 이처럼 띄어쓰기가 애매할 땐 국어사전 예문을 참고하자.

어린이 기자의 세상 읽기

우리 집에선 어린이신문을 본다. 어린이를 위한 신문이지만 다루는 주제나 내용의 깊이는 일반 신문 못지않다. 정치, 사회, 경제, 문화 등 사회 전반에 대한 소식과 이슈가 시의적절하게 다뤄진다.

주제별로 잘 정리된 신문을 훑다 보면 호기심을 콕콕 자극하는 기사, 머릿속 지식 상자를 꽉꽉 채워주는 기사 등 다양한 종류의 기사를 만나게 된다. 장난감 레고로 만든 시각장애인용 점자 프린터, 세계 최초로 촬영된 블랙홀 사진 등 아이들에게 창의적 영감을 주는 내용도 적지 않다.

아이들에게 신문은 세상을 톺아볼 수 있는 창(窓)이다. 우리가 살고 있는 세상이 어떻게 돌아가는지, 사회 구성원들은 어떻게 유기적으로 협력하며 발전하는지, 앞으로 다가올 미래엔 어떤 변화가 일어날지 아이들은 신문을 통해 좁은 시야를 넓히고 세상을 조금씩 배워나간다.

신문은 훌륭한 글쓰기 선생님이기도 하다. 사건, 사고를 짧고 굵게 다룬 스트레이트 기사, 화제의 인물을 만나 인생 이야기를 듣는 인터뷰 기사, 현장을 사실적으로 낱낱이 보여주는 르포 기사 등 특징이 다른 기사를 꼼꼼히 읽고 직접 작성해보면 그동안 학교에서 배웠던 다양한 갈래의 글쓰기를 종합적으로 연습해볼 수 있다.

스트레이트 기사처럼
육하원칙으로 일기 쓰기

스트레이트 기사는 우리나라는 물론 세계 각지에서 일어난 굵직한 사건 사고를 육하원칙에 따라 짧게 정리한 기사다. 신문에서 가장 흔히 볼 수 있는 기사 형식이기도 하다. 일기나 독서록도 스트레이트 기사처럼 작성하면 핵심 정보를 빠뜨리지 않고 일목요연하게 내용을 정리할 수 있다.

스트레이트 기사에선 첫 문장인 '리드(lead)'가 가장 중요하다. 리드는 기사의 핵심 내용을 한 문장으로 압축해놓은 것으로, 글로 치자면 주제문에 해당한다. 리드 쓰기를 자주 연습하면 핵심만 간단명료하게 한 줄로 정리하는 기술을 익힐 수 있다. 중요한 정보와 그렇지 않은 정보를 선별하는 안목도 자연스레 향상된다.

첫 문장을 잘 작성해놓으면 뒷이야기도 어렵지 않게 풀린다. △누가 △언제 △어디서 △무엇을 △어떻게 △왜 했는지 '육하원칙'에 따라 관련 정보를 정리하면 중심문장과 뒷받침 문장이 유기적으로 결합된 문단이 완성된다. 이렇게 구성된 여러 문단을 하나로 연결하면 논리적으로 빈틈없는 한 편의 글이 완성된다.

스트레이트 기사 형식으로 일기 쓰기

제목 : 잊지 못할 뗏목 체험

지난 주말 여름방학을 맞아 가족들과 함께 한반도지형마을에 다녀왔다. 강원도에는 단종 유배지, 고씨 동굴, 선돌 등 볼거리가 많지만 우리는 TV 여행 프로그램에서 자주 소개됐던 한반도지형마을에 다녀왔다.

한반도지형마을은 우리나라 모양을 하고 있는 강원도의 유명 관광지다. 주차장 입구에서부터 15분 정도 숲속 산책로를 따라 걸어가면 전망대가 나온다. 전망대에서 내려다보면 진짜 우리나라 지도를 닮은 지형을 볼 수 있다. 숲속 산책로가 험하고 날씨가 푹푹 쪘지만 매미 소리와 시원한 얼음물 덕분에 힘을 내서 걸을 수 있었다.

한반도지형마을을 구경한 다음엔 뗏목 체험도 했다. 구명조끼를 입고 옛날 방식으로 만들어진 뗏목에 타면 강물에 발을 담그고 물장구를 칠 수 있다.

나는 해설사 할아버지께 노 젓는 법도 배우고 뱃노래도 배웠다. 사회 시간에 배웠던 떼목에 직접 타보니 신기하고 재미있었다.

_3학년, 둘째

스트레이트 기사는 글쓴이의 주장을 문단 첫째 줄에, 근거가 되는 내용은 그 뒷부분에 배치하는 논설문과 비슷한 면이 있다. 핵심을 먼저 쓰는 스트레이트 기사를 자주 연습하면 논설문 쓰기도 수월해진다.

이렇게 글의 구성 원리를 꿰고 있으면 자연스레 독해력도 향상된다. 어디에 핵심 정보가 담겨 있는지, 어떤 문장이 중심문장이고 어떤 문장이 뒷받침문장인지 훤히 꿰뚫고 있기 때문이다. 글을 요약하기도 쉽다. 각 문단의 첫째 줄을 뽑아 정리하면 핵심만 일목요연하게 간추릴 수 있다.

물론 모든 글이 이런 규칙을 따르는 건 아니다. 읽는 사람의 관심을 끌기 위해 특별한 사례로 글을 시작하는 경우도 있고, 중심문장을 문단 맨 마지막에 쓰는 경우도 있다. 하지만 모든 일이 그렇듯, '기본'에 충실하면 변칙적인 상황에서도 어렵지 않게 핵심을 끄집어낼 수 있다. 스트레이트 기사 형식을 기본으로 삼고 예외적인 사항들을 의도적으로 활용하면 글쓰기도, 독해력도 눈에 띄게 향상된다.

신문은 글감 창고
스크랩북은 글쓰기 참고서

신문엔 별의별 소식이 다 실린다. 세상을 떠들썩하게 만든 절도 사건, 완벽한 상태로 보존된 미라 등 보고도 믿기 힘든 소식들이 다채롭게 담겨 있다. 재미있게 읽은 기사가 있다면 친구들을 독자 삼아 '알리는 글'을 써볼 수 있다. 예를 들어 미궁에 빠진 사건 기사를 흥미롭게 읽었다면 사건의 전모를 재구성해 '상상하는 글'을 써볼 수 있다.

신문 기사를 보고 글을 쓸 수도 있지만 반대로 소소한 일상을 기사처럼 써볼 수도 있다. 평범한 일을 '특별한 사건'처럼 기사화하면 독특한 매력이 돋보이는 글이 탄생한다. 글감에 따라 부고 기사, 날씨 기사 등을 참고해 글을 쓰면 특별한 재미가 느껴진다.

일상적 소재로 기사 쓰기

제목 : 잔모 씨 고독사 후 이틀 뒤 발견

4월 9일생 잔모 씨가 지난 11일 영상 19도의 베란다에서 홀로 생을 마감했습니다. 유족들은 안타까움을 금치 못하며 시신을 놀이터에 안장하기로 결정했습니다. 유서는 따로 발견되지 않았으며 그의 주변에 거주하던 다른 식물들도 그의 안타까운 죽음에 대해 알지 못했다고 합니다. 이따금 잔모

씨를 돌봐주던 지모 군(11세)도 정확한 사망 원인에 대해서는 아는 바가 없다고 전했습니다. 현재 경찰은 정확한 사인 파악을 위해 국과수(국립 과학 수사 연구원)에 부검을 의뢰했습니다. 지금까지 키즈타임즈 OOO 기자였습니다.

_잔디 키우기 과제 수행 중 잔디가 죽자 학급 자유게시판에 올린 글
5학년, 첫째

신문은 글쓰기 교본으로써의 역할도 톡톡히 한다. 특정인의 관점과 의견이 담긴 사설과 칼럼은 주장하는 글을 쓸 때 참고할 수 있는 좋은 자료다. 특정 사건이나 현상을 분석한 기사는 어렵고 복잡한 문제를 이해하기 쉽게 풀어 쓰는 법을 가르쳐준다. 신간 서평기사는 독서록이나 독후감을 쓸 때, 현장감이 살아 있는 르포 기사는 구체적으로 묘사하는 글을 쓸 때 도움이 된다.

'육하원칙이 잘 정리된 기사', '사실을 근거로 주장의 설득력을 높인 기사' 등 글쓰기에 도움이 될 만한 기사들은 특징별로 따로 모아 스크랩해두자. 좋은 기사를 곁에 두고 꾸준히 읽고 쓰면 논술도 두렵지 않을 만큼 실력이 향상된다.

One Point Lesson!

영어에 '패러프레이즈(paraphrase)'란 단어가 있다. '알기 쉬운 말로 바꾸어 표현한다'는 뜻이다. 기자들은 쉽고 구체적인 글을 쓰기 위해 이런 바꿔 쓰기 훈련을 오래 반복한다. 같은 내용이라도 어떤 단어를 택하느냐에 따라 '읽히는 글'과 '버려지는 글'이 갈리기 때문이다. 어느 정도 글쓰기에 익숙해졌다면 대상이나 상황을 직관적으로 표현하는 연습을 해보자. 문장을 날카롭게 벼려낼수록 가독성 있는 글이 완성된다.

패러프레이즈

<美 명문대 8곳 동시 합격한 박 군의 공부법>

열심히 공부했다.

= 책을 읽으며 다양한 분야의 배경지식을 쌓았다.

= 경험을 토대로 견문을 넓혔다.

= 단어가 외워질 때까지 쓰고 또 썼다.

= 수학 교과서에 나오는 문제들과 매일 씨름을 했다.

= 답을 구할 때까지 손에서 문제집을 놓지 않았다.

= 한 문제를 놓고 일주일 넘게 매달렸다.

'자소설' 말고 '자소서'

인생에서 자기소개서 쓰기는 일종의 통과의례다. 학생일 땐 상급 학교 진학을 위해, 사회에 나가서는 각종 대외 활동 지원 및 취업을 위해 자기소개서를 쓴다. 자기소개서는 글자 그대로 '나를 소개하는 글'이다. 읽는 사람이 나의 강점과 관심사, 앞으로의 목표와 계획에 대해 잘 파악할 수 있도록 정해진 분량 안에서 효과적으로 드러내야 한다.

자기소개서 쓰기는 보통 일이 아니다. 자신에 대해 끊임없이 관찰하고 탐구해온 사람만이 자기소개서를 잘 쓸 수 있다. "너 자신을 알라"고 말했던 소크라테스처럼, 스스로 답을 찾지 못하면 단 한 줄도 쓰기 어렵다. 상황이 이렇다 보니 자기 삶을 꾸미고 부풀리는 '자소설'이 난무한다.

글쓰기 최고봉 '자기소개서'
소크라테스급 자아 통찰 능력 쌓아야

2024학년도 대입부터 자기소개서 폐지가 예정된 상황이지만, 대입 면접이나 취업에서 자기 매력을 백 퍼센트 발산하려면 글로 써서 정리하는 과정을 반드시 거쳐야 한다.

스스로에 대해 깊이 들여다보고 관찰해온 사람만이 수준 높은 자기소개서를 쓸 수 있다. 자신을 발전시키기 위해 여러 해 동안 노력해온 사람이라면 더욱 차별화된 자기소개서를 작성할 수 있다. 자기 삶에 얼마나 관심을 가지고 노력하느냐가 글의 수준을 결정하기 때문이다.

'자신의 장점을 개발하기 위해 노력했던 경험이 있는가?'
'갈등을 해결하기 위해 노력했던 적이 있는가?'
'스스로 계획했던 일을 실천해 성취감을 느껴본 적이 있는가?'

위에 제시된 질문은 상급 학교 입시 때 자기소개서에 등장하는 단골 문항들이다. '자기가 의미를 두고 노력했던 활동을 통해 배우고 느낀 점', '지원동기 및 향후 계획'도 빠지지 않는다. 어떤 문항이든, 자기소개서에선 자신의 가능성과 잠재력을 드러내는 게 관건이다. 취업을 위한 자기소개서도 크게 다르지 않다.

자기소개서에서는 '목표를 성취하기 위해 노력했던 과정'과 '경험을 통한 내적 성장'에 초점을 맞춰 자신을 드러내야 한다. 특정 활동을 통해 어떤 교훈을 얻었고 그로 인해 진로와 미래 목표가 어떻게 달라졌는지, 구체적인 예를 들어 분명하게 설명해야 입학사정관(면접관)의 마음을 움직일 수 있다. 일관성 있는 내용, 정갈한 문장은 기본이다.

마음을 훔치는 글쓰기
합격하는 자기소개서는 따로 있다

입학사정관(또는 면접관)들은 자기소개서를 볼 때 세 가지 평가 요소에 초점을 맞춘다. 첫 번째는 '꿈'이다. 자기소개서를 읽으며 지원자가 구체적이고 명확한 꿈을 가지고 있는지 확인한다. 왜 이런 꿈을 갖게 됐는지 학창 시절 노력하고 성취했던 경험을 근거로 들면 설득력이 높아진다. 경험을 서술할 땐 '변화와 성장'에 초점을 맞추는 게 좋다.

두 번째는 '구체적인 학습 계획' 여부다. 목표를 달성하기 위해 앞으로 어떤 분야를 공부해보고 싶은지 자세히 설명하는 게 도움이 된다. 목표 학교에서 제공하는 교육 프로그램과 자신의 향후 학습 계획을 연결시키면 좋은 인상을 남길 수 있다.

'우주 항공 기술자가 되기 위해 열심히 노력하겠다'는 막연한 포부보다 '본교 ○○ 동아리에서 천체물리학에 대해 깊이 있게 탐구하고 대학에 입학한 뒤엔 로켓 및 인공위성 관련 우주과학 부문을 공부하고 싶다'

고 적는 게 보다 나은 답변이 될 수 있다. 자기 꿈에 대해 치열히 고민한 흔적을 잘 보여주기 때문이다.

마지막으로 지원자의 '의사소통 능력'을 검증한다. 자기소개서는 입학사정관(또는 면접관)과 지원자가 글로 나누는 대화다. 대화가 통하지 않으면 상대에 대한 신뢰와 호감이 떨어질 수밖에 없다. 지원자는 타당한 근거와 탄탄한 논리로 입학사정관을 설득해 자신의 합격 가능성을 높여야 한다. 자기 재능과 열정을 누구나 이해할 수 있는 방식으로 설득력 있게 표현해내는 게 무엇보다 중요한 셈이다.

이색적인 경험보다 진정성 있는 경험
더하기보다 빼기의 기술이 필요해

이색적인 경험을 써야 눈에 띄는 자기소개서가 완성된다고 생각하기 쉽다. 하지만 늘 그런 건 아니다. 기자 시절, 취재차 만났던 한 학생은 식물의 프렉탈 구조에 호기심이 생겨 뒷산에서 살다시피 한 이야기로 과학고에 합격했다. 미국 명문대에 합격한 학생은 추운 겨울 폐지 줍는 할머니의 리어카를 밀었던 일화를 '일상의 감사함'과 연결 지어 좋은 평가를 받았다. 한 학생은 고교 시절 동아리 활동에서 했던 독서토론을 성장 경험으로 활용해 서울대 합격증을 따냈다.

일상적이고 평범한 경험이라도 자기의 꿈과 역량을 드러낼 수 있다면 진정성 높은 글로 인정받는다. 무엇보다 '질문 의도'에 맞게 자기 생각과 경험을 정확히 전달할 줄 알아야 좋은 평가를 기대할 수 있다. '얼마나 이색적이고 차별화된 경험인가'가 아닌 '그 경험을 통해 무엇을 느끼고 배웠는가'에 방점을 찍어야 한다.

자기 자신에 대한 글쓰기는 삶에 대한 동기를 불어넣고 목표 의식을 뚜렷하게 만들어준다. 매년 연례 행사처럼 온 가족이 함께 자기소개서를 써볼 것을 권한다. 해마다 아이 키가 자라듯, 자기소개서에 기록된 아이의 꿈도 조금씩 자라는 걸 확인할 수 있을 것이다.

One Point Lesson!

『칭찬해! 나의 쓸데없는 기록 노트』(베르나르 프리오, 큰북작은북, 2018)엔 주변 사람들의 질타와 무시에 절망하는 주인공 '벤'이 등장한다. 가족들은 실수가 잦은 벤에게 가차 없이 욕설을 날리고, 학교 선생님들도 그런 벤의 모습을 보며 한심해한다. 주변 사람들에게 '형편없는 아이'로 낙인찍힌 벤은 고민을 거듭하다 실로 위대한 생각에 다다른다. 자기만을 위한 글을 쓰기로 결심한 것. 그렇게 벤은 오로지 자기 자신을 위해, 누구도 읽지 않을 기록을 쌓아나가기 시작한다. 거짓말 세계 챔피언 증명서, 가장 멍청한 표정 부문 1위 상장, 하루 23번의 사고를 내는 최연소 세계 신기록까지. 벤은 자기 삶의 흑역사를 차곡차곡 기록한다. 이 책을 끝까지 읽은 독자는 알게 된다. 실수투성이 벤이 실은 세상 누구보다 자존감 높은 멋진 아이라는 걸. 우리 아이들에게도 벤과 같은 용기와 강단이 필요하다. 스스로를 가치 있는 사람으로 인정하고 사랑해야 남에게도 그런 존재로 대접받을 수 있다. 글의 힘은 강하다. 하루하루 아주 사소한 부분이라도 나의 장점을 쓰고 미래를 계획하면 예전엔 미처 몰랐던 가능성을 발견하게 된다. 매일 글을 통해 자신의 모습을 마주하는 아이는 '피그말리온 효과'처럼 상상이 현실이 되는 기쁨을 맛보게 될 것이다.

생존 쓰기 Level UP ↑

유혹하는 '제목' 쓰기

길을 걷다 보면 무수히 많은 간판들을 지나치게 된다. 그중엔 유독 눈에 띄는 간판도 있고, 있으나 마나 한 간판도 있다. 제목은 글의 간판이나 마찬가지다. 눈에 띄는 제목을 붙여야 읽는 사람의 관심을 끌 수 있고, 관심을 끌어야 '읽히는 글'이 될 수 있다.

1. 눈에 띄는 표현을 담자

'아빠는 고기를 좋아해' vs '아빠는 원시인의 후예'

제목은 당연히 글과 관련된 내용으로 지어야 한다. 내용 전체를 아우르면서도 참신하고 재미있는 표현을 넣으면 읽는 사람의 눈길을 사로잡을 수 있다.

온 가족이 함께 스테이크를 먹은 날, 아이가 '레어'를 좋아하는 아빠에 대해 일기를 썼다면 어떤 제목을 붙이는 게 좋을까? '아빠는 고기를 좋아해'보다 '아빠는 원시인의 후예'라는 제목이 더 큰 흥미를 불러일으킬 것이다.

2. 통념을 비틀어보자

'측우기에 대하여' vs '세종대왕은 측우기를 만들지 않았다'

일반적인 통념을 비틀거나 의도적으로 부정하는 경우에도 사람들의 시선이 쏠린다. 측우기에 대해 설명하는 글을 쓴 후 제목을 '측우기에 대하여'라고 붙인다면, 읽는 사람들에게 '뻔하다'는 인상을 주기 쉽다. 반대로 '세종대왕은 측우기를 만들지 않았다'로 제목을 바꾸면 글에 대한 호기심이 솟아오른다. 측우기는 조선 세종 때 제작됐지만 실제 창안한 사람은 문종이다. 이런 역사적 사실을 바탕으로 일부러 제목을 부정적으로 표현하면 관심을 끌 가능성이 더 높아진다.

3. 호기심을 자극하는 질문을 던지자

'지구 온난화로 인한 끔찍한 피해' vs '지구 온도가 1도 더 높아진다면?'

사람들은 궁금한 걸 못 견딘다. 호기심은 본능이다. 이런 점을 활용해 질문하는 형식으로 제목을 달면 읽는 사람의 이목을 집중시킬 수 있다. 예를 들어 지구 온난화에 대한 다큐멘터리나 신문 기사를 읽고 글을 쓴다고 해보자. 지구 온난화로 인한 기상이변이 주된 내용이었다면, 상황을 있는 그대로 설명하는 제목보다 질문을 던지는 쪽이 글에 대한 궁금증을 더 키울 수 있다. '어디까지 가봤니?'란 유명 항공사의 광고 문구처럼, 읽는 사람의 호기심을 자극하는 제목이 사실을 있는 그대로 나열하는 제목보다 훨씬 더 영리한 접근이다.

'심장이 쿵쾅쿵쾅'처럼 의성어나 의태어를 활용하거나 '뜨는 게임, 지는 게임'처럼 대구를 이루도록 제목을 짓는 것도 방법이다. 매력적인 제목은 읽는 사람의 마음을 끌어당긴다.

멋진 제목을 붙이고 싶다는 욕심에 글과는 상관없는 '낚시성' 제목을 붙이거나 과장되고 자극적인 표현을 사용하면 글에 대한 신뢰도가 떨어진다. 제목을 잘 짓고 싶다면 평소 책 제목, 광고 카피 등 전문가들이 쓴 짧은 문구를 눈여겨보자.

[맺음말]

쓰는 삶은 우리를 발전시킨다

십 년 넘게 써왔으니 이제 이골이 날 만도 한데, 글쓰기는 내게도 여전히 힘들고 까다로운 '노동'이다. 그럼에도 부모님들께 글을 써보시길, 그것도 아이와 함께 쓰시길 권하는 이유는 계속 쓰는 게 글을 잘 쓰기 위한 최선의 방법이기 때문이다. 공부에 왕도가 없듯, 글쓰기에도 지름길은 없다.

뭘 어떻게 써야 할지 몰라 우물쭈물하는 아이, 맞춤법을 다 틀려가며 괴발개발 글을 쓰는 아이를 보면 울화통이 터질지도 모른다. 그때 "이렇게밖에 못 써!"라고 고함치는 대신 "한 문장만 써보자!"고 응원해주자. 한 줄을 쓰고 나면 곧 한 문단도, 한 편의 글도 완성할 수 있게 되니 말이다.

처음 글을 쓰기 시작한 아이는 첫걸음마를 뗀 아기와 다르지 않다. 기억을 떠올려보자. 아이가 의자를 잡고 일어났던 순간, 위태롭게 한두 발자국을 내딛다 엉덩방아를 찧고 주저앉던 바로 그 순간. 부모는 뜨거운 박수와 격려로 아이를 응원했을 것이다. 이제 막 첫 문장을 완성한 아이에게도 그때와 같은 격려와 응원이 필요하다. 부모의 관심과 지지만 있다면 아이는 오래지 않아 자기 생각과 느낌을 자유롭게 표현하는 작가로 성장해 있을 것이다.

처음부터 잘 쓰는 사람은 없다. 매일 기사를 송고하는 기자도, 세계적인 작가도 모두 처음엔 잘 쓰지 못했다. 글을 쓰는 사람들은 그저 포기하지 않은 사람들일 뿐이다. 글은 직접 쓸 때도 늘지만 남의 글을 읽을 때도 는다. 여러 번 고쳐 쓸 때도, 남에게 평가받을 때도 성장하고 발전한다. 이렇게 쓰고 쓰고 또 쓰다 보면 부쩍 실력이 늘어 있는 '나'를 발견하게 된다.

쓰는 삶은 우리를 발전시킨다. 글을 쓰는 동안 우리 마음은 차분해지고, 머릿속은 반짝이는 생각들로 가득 찬다. 잠깐이라도 짬을 내 아이와 함께 글을 써보자. 단 한 줄이라도 괜찮다. 성적이 아닌 성장을 위한 글이니 말이다.

초등 입학 전부터 지금까지, 글동무가 되어준 두 아이가 없었다면 이 책은 세상에 나오지 못했을 것이다. 기꺼운 마음으로 자기 글을 싣게 해준 연우, 윤슬이에게 특별히 감사한 마음을 전한다. 원고에 전념할 수 있게 힘써준 남편에게도 사랑의 말을 전한다. 지극히 개인적인 경험담을 흥미롭게 들어주신 위즈덤하우스 출판사에 다시 한 번 감사드린다.

교과서가 쉬워지는
초등 생존 글쓰기

초판 1쇄 인쇄 2021년 12월 6일 **초판 1쇄 발행** 2021년 12월 10일

지은이 이혜진
펴낸이 이승현

편집1 본부장 배민수
에세이1 팀장 한수미
편집 양예주
디자인 조은덕

펴낸곳 ㈜위즈덤하우스 **출판등록** 2000년 5월 23일 제13-1071호
주소 서울특별시 마포구 양화로 19 합정오피스빌딩 17층
전화 02) 2179-5600 **홈페이지** www.wisdomhouse.co.kr

ISBN 979-11-6812-116-4 13590